Bernd Leitenberger

US-Trägerraketen 1

Vanguard – Redstone – Juno – Project Pilot – Scout

Ein besonderer Dank an Mario Remler,

der dieses und andere Bücher von mir korrekturgelesen hat, um zumindest die gröbsten Schnitzer zu entfernen.

Bernd Leitenberger

US-Trägerraketen 1

Vanguard – Redstone – Juno – Project Pilot – Scout

Bibliografische Information der Deutschen Nationalbibliothek:
Die Deutsche Nationalbibliothek verzeichnet diese Publikation in der Deutschen Nationalbibliografie; Detaillierte bibliografische Daten sind im Internet über http://dnb.d-nb.de abrufbar.

Edition Raumfahrt

http://www.raumfahrtbuecher.de
Herstellung und Verlag: BoD – Books on Demand, Norderstedt
1.te Auflage 2023
ISBN-13: 978-3-7534-7328-4

Inhaltsverzeichnis

Vorwort

Dieses Buch entstand aus meinem Buch „US Trägerraketen“. Es erschien zum ersten Mal im Jahr 2013 und in einer aktualisierten Auflage 2016. Seitdem sind neue Träger hinzugekommen. Doch schon die zweite Auflage stieß an das Limit von 700 Seiten, das mir der Verlag für ein Buch setzt. Trotzdem musste ich für das Buch die Ränder auf ein Minimum beschränken und eine 9 Punkt Schrift mit engem Schriftbild wählen, um alle Träger unterzubringen.

Für die Neuauflage habe ich mich entschlossen, das Buch in einzelne Bände, geordnet nach den Trägern, zu veröffentlichen:

- Band 1: Einführung und kleine, frühe US-Trägerraketen (dieser Band)
- Band 2: Titan (erscheint 2023)
- Band 3: Thor und Delta (erscheint nach den letzten Flügen der Delta 4H, die für 2024 anstehen)
- Band 4: Atlas (erscheint 2025, wenn nur noch die Flüge für den Starliner anstehen. Diese gehen bis 2029, so lange wollte ich nicht warten)
- Band 5: Schwerlastraketen: Ares, SLS und Space Shuttle. Eventuell auch Starship, das hängt von der Informationslage zu diesem Projekt ab.
- Band 6: Neue US-Trägerraketen nach 1990
- Für die Saturn gibt es schon einen sehr ausführlichen Band im Rahmen der Reihe „das Apolloprogramm“.

Die Bucher sind so deutlich kürzer und besser zum Nachschlagen geeignet und die Trennung erlaubt es mir, weitere Träger in neuen Bänden zu behandeln.

Alle Bücher bilden zusammen immer noch eine Einheit, auch wenn sie thematisch sauber getrennt sind. So finden sich allgemeine Erklärungen zu Raketen und Bahnen in diesem Band und die Technik und Geschichte der Agena und Centaur stellvertretend für alle Träger im zweiten Band.

Die Startlisten stammen von Jonathan McDowell's Space Report. McDowell betreibt die umfangreiche Website http://www.planet4589.org/space/. Ich habe die Daten extrahiert, mit einem selbst geschriebenen Computerprogramm formatiert und daraus Grafiken und Tabellen erstellt. Die Einstufung eines Erfolgs ist dabei subjektiv: Jonathan McDowell stuft Starts als erfolgreich ein, wenn eine Umlaufbahn erreicht wurde. Ob das der gewünschte Orbit ist, bleibt offen. Ergänzt wurde das Buch durch Skizzen und Diagramme. Sie machen den Aufbau und die Abmessungen von Stufen deutlicher, als eine Beschreibung und grafische Statistiken. Viele Diagramme der Raketen stellte Norbert Brügge zur Verfügung. Er hat sie für seine Website http://www.b14643.de erstellt.

Die technischen Daten habe ich, soweit möglich, aus den originalen Launch Presskits entnommen. Bei neueren Raketen stammen sie aus der aktuellen Version des Users Guide. Die Daten aus den Launch Presskits gelten für den beschriebenen Start. Für zahlreiche historische Träger sind das leider die einzigen heute noch verfügbaren Informationen. Die verwendeten Informationen habe ich am Ende des Artikels als Referenz angefügt. Die wichtigste Quelle war der NASA Technical Report Server http://ntrs.nasa.gov/search.jsp. Für von der NASA benutzten Trägern finden sich dort zahlreiche Daten. Das gilt leider nicht für militärische genutzte Raketen wie die Thor, Titan III oder Minotaur. Bei den neuen Typen, die von der Privatwirtschaft entwickelt wurden, ist man auf die User Manuals angewiesen, die oft viele Fragen offen lassen. Dagegen gibt es von sehr alten Trägern oft nur schlechtes Bildmaterial.

Ostfildern im April 2023,

Bernd Leitenberger

Grundlagen

Dieses Buch ist kein Lehrbuch für Raumfahrttechnik. Ich denke aber, eine kleine Einführung in die Grundlagen ist wichtig für ein Nachschlagewerk. Es erleichtert das Lesen der folgenden Seiten. An dieser Stelle daher eine Einführung in die Funktionsweise von Raketentriebwerken, Treibstoffen und die wichtigsten Bahnen.

Treibstoffkombinationen

Stöchiometrie

Reagieren zwei oder mehrere Stoffe miteinander, so bezeichnet das stöchiometrische Verhältnis das Gewichtsverhältnis, bei dem eine vollständige Umsetzung der Reaktionspartner erfolgt. So beträgt die Atommasse von Wasserstoff 1, die von Sauerstoff 16. Bei der Reaktion

$$\mathbf{2\,H + O \rightarrow H_2O}$$

reagieren bei stöchiometrischer Umsetzung zwei Atome Wasserstoff mit einem Atom Sauerstoff. Das stöchiometrische Verhältnis beträgt also 2 × 1 zu 16 oder 1 zu 8. Ist es höher, so wird ein Teil des Sauerstoffs nicht umgesetzt. Ist es niedriger, wird ein Teil des Wasserstoffs nicht umgesetzt. Bei Raketentreibstoffen ist das Letztere der Normalfall.

Flüssiger Sauerstoff (LOX – **Li**quid **Ox**ygen) ist eines der stärksten Oxidationsmittel (Oxidator). Die Verbrennung von Sauerstoff mit dem Schweröl Kerosin ist die älteste, heute noch verwendete Treibstoffkombination. Kerosin ist in den physikalischen Eigenschaften vergleichbar mit Heizöl. Die als Raketentreibstoff verwendete Kerosinfraktion wird als RP-1 (**R**ocket **P**ropellant **1**) bezeichnet. RP-1 wird durch die Destillation des Treibstoffs JP-4 für Düsenflugzeuge erhalten. So erhält man die Fraktion mit dem höchsten Siedepunkt und der höchsten Wärmekapazität (wichtig für die Kühlung von Brennkammern).

Die Kombination von Sauerstoff und Kerosin ist ungiftig. Sie gehört zu den mittelenergetischen Treibstoffen. Obwohl Sauerstoff nur bei Temperaturen unter -183 Grad Celsius flüssig bleibt, ist er gut handhabbar. Kerosin wiederum eignet sich gut zur Kühlung von Brennkammer und Düse, da es über einen größeren Temperaturbereich flüssig bleibt und beim Erhitzen nicht zerfällt.

Auch heute noch werden neue Trägerraketen entwickelt, die LOX und Kerosin einsetzen. Die Kombination gilt als relativ umweltfreundlich, obwohl Kerosin als Erdöl-Derivat bei seiner Freisetzung das Grundwasser belastet. Es ist jedoch nicht so giftig wie Hydrazin und nicht so ätzend wie Stickstofftetroxid. Der Sauerstoff verdampft bei der Freisetzung einfach.

Der spezifische Impuls der Kombination im Vakuum erreicht je nach Druck und Mischungsverhältnis etwa 3.100 bis 3.300 m/s. Etwas höhere Werte werden beim Verbrennen des einfachsten Kohlenwasserstoffs Methan erreicht. Da Methan eine niedrige Dichte und einen niedrigen Siedepunkt aufweist, stellt es an die Technik höhere Anforderungen als Kerosin. Trotzdem wird derzeit am Einsatz von Methan geforscht. Da das Kerosin im Überschuss eingesetzt wird (LOX / Kerosin = 2,5 bis 2,8; das stöchiometrische Verhältnis beträgt 3,5 bis 3,8), entsteht bei der unvollständigen Verbrennung Ruß. Dieser Ruß färbt die Flamme des Triebwerks orangerot und ist beim Start manchmal als Rußwolke sichtbar.

Stickstofftetroxid (englisch Nitrogentetroxid – NTO, eigentlich Distickstofftetroxid) ist das gemischte Anhydrid der Salpetersäure und der salpetrigen Säure. Anders als flüssiger Sauerstoff ist NTO bei Zimmertemperatur flüssig. Eine besondere Eigenschaft von Stickstofftetroxid ist, dass es sich mit Hydrazinen spontan entzündet. Derartige Kombinationen werden als „**hypergol**" bezeichnet. Das vereinfacht die Konstruktion eines Antriebs, da eine Zündvorrichtung überflüssig ist. Antriebe können durch gleichzeitiges Öffnen der Ventile beliebig oft gezündet werden.

Die Lagerfähigkeit von Stickstofftetroxid und Hydrazinen führte dazu, dass sie bevorzugt bei militärischen Raketen eingesetzt wurden. Aus dem gleichen Grund sind sie die Standardkombination für Satellitenantriebe. Der große Nachteil ist ihre Gefährlichkeit. Stickstofftetroxid ist ätzend und bildet mit Wasser Salpetersäure.

Alle Hydrazine sind stark giftig und schwer abbaubar. Aus diesem Grund wird diese Kombination für die ersten Stufen heute nicht mehr verwendet. Es werden drei Hydrazine eingesetzt:

- Hydrazin (H_2N-NH_2) ist der einfachste Vertreter der Reihe. Es liefert die höchsten spezifischen Impulse. Allerdings zerfällt es durch Hitze in ein Gemisch aus Stickstoff, Wasserstoff und Ammoniak. Deshalb ist es in reiner Form nicht geeignet, wenn mit dem Treibstoff die Brennkammer gekühlt werden soll. Verwendet wird daher meist ein Gemisch mit UDMH, z. B. Aerozin 50, das aus je 50 Prozent Hydrazin und 50 Prozent UDMH besteht. Von Vorteil ist, dass Hydrazin die höchste Dichte aller Hydrazine besitzt. Reines Hydrazin wird als monergoler Treibstoff (nur eine Komponente erforderlich) für Satellitenantriebe verwendet. Dort zersetzen es Katalysatoren in ein Heißgas. Das ergibt immerhin spezifische Impulse von rund 2.200 m/s.

- UDMH, das unsymmetrische Dimethylhydrazin $(CH_3)_2$-N-NH_2, wird öfters eingesetzt als reines Hydrazin. Es zersetzt sich nicht durch Hitze. Der spezifische Impuls und die Dichte von UDMH sind geringer als von Hydrazin. Seine Herstellung ist relativ teuer.

- Vor allem bei Satellitenantrieben wird das Monomethylhydrazin, MMH (CH_3)-HN-NH_2, eingesetzt. Der spezifische Impuls vom MMH ist etwas geringer als von UDMH und Hydrazin. Dafür gibt es aber bei der Anwendung von MMH einen praktischen Vorteil. Bei dem üblichen Mischungsverhältnis von MMH und NTO von 1 zu 1,6 nehmen beide Treibstoffe das gleiche Volumen ein. Die Tanks sind gleich groß, das erleichtert die Fertigung. Den Vorteil hat auch das Aerozin 50 (eine Mischung von 50 Prozent Hydrazin und 50 Prozent UDMH), welche in der Titan Trägerrakete als Treibstoff eingesetzt wurde.

Charakteristisch bei der Zündung eines Triebwerks mit Stickstofftetroxid als Oxidator ist eine braune Wolke. Bei Treibstoffen, die bei Kontakt zünden, muss die Entstehung eines explosiven Gemisches vermieden werden. Dies wird bewerkstelligt, indem eine Komponente zuerst in die Brennkammer strömt. So kann kein explosives Gemisch entstehen. Die Komponente, die zuerst einströmt, verbrennt zum Anfang nur unvollständig. Der unverbrannte Rest wird freigesetzt. Genutzt wird dazu Stickstofftetroxid, da es die billigere und weniger giftige Komponente der beiden Treibstoffe ist. Beim Erhitzen zerfällt Stickstofftetroxid in Stickstoffdioxid (NO_2), das als rotbraune Wolke beim Start zu sehen ist.

Der spezifische Impuls von NTO und Hydrazinen liegt in der gleichen Größenordnung wie der von Kerosin (2.900 bis 3.200 m/s). Ein Vorläufer von NTO ist die Salpetersäure. Sie zersetzt sich bei der Verbrennung zu Wasser und NTO. Der nutzbare Energiegehalt ist daher geringer. Doch Salpetersäure war früher verbreiteter und einfacher verfügbar. Diese Kombination wurde bei der Agena Oberstufe und den ersten Delta Oberstufen eingesetzt.

Von den eingesetzten Kombinationen liefert die Verbrennung von flüssigem Wasserstoff (**L**iquid **H**ydrogen – LH2) mit flüssigem Sauerstoff die meiste Energie. Nur wenige Kombinationen sind noch leistungsfähiger. Bei diesen gibt es entweder Bedenken wegen der Giftigkeit (Fluor oder Fluor/Sauerstoff als Oxidator und Wasserstoff als Brennstoff) oder sie sind extrem teuer (Verbrennung von Lithium oder Beryllium mit Wasserstoff als Verbrennungsträger und Sauerstoff als Oxidator).

Wasserstoff wird seit den frühen sechziger Jahren als Treibstoff genutzt. Die Nutzung dieses Treibstoffs sagt viel über die technologische Kompetenz einer Raumfahrtnation aus. Es gibt zahllose technische Schwierigkeiten in vielen Bereichen. Bei den Tanks liegt die Herausforderung in der geringen Dichte von Wasserstoff (0,07 kg/l, also vierzehnmal kleiner als Wasser). Benötigt werden daher sehr große Tanks. Sie müssen sehr gut isoliert sein, da Wasserstoff nur in dem kleinen Temperaturbereich zwischen –259 °C und –253 °C flüssig ist. Sauerstoff ist dagegen zwischen –219 °C und –183 °C flüssig, also ein Intervall von 36 Grad. Die Kombination von tiefen Temperaturen und großen Tanks stellt hohe Anforderungen an die Werkstofftechnologie.

In den Triebwerken wird der Wasserstoff zur Kühlung verwendet. Er verdampft dabei, nimmt aber im Vergleich zu Kerosin weitaus weniger Wärme auf. Entsprechend leistungsfähig muss die Kühlung ausgelegt sein. Außerdem erzeugt die Verbrennung von Wasserstoff und Sauerstoff höhere Temperaturen und bestimmte Metalle binden den Wasserstoff und werden dadurch spröde.

Bei den Förderpumpen für Wasserstoff liegt die Herausforderung in der geringen Dichte. Deswegen sind die Volumina viel höher als bei anderen Treibstoffen. Die Turbinen, welche die Pumpen antreiben, erreichen dadurch sehr hohe Drehzahlen von teilweise über 40.000 U/min. Das stellt hohe Anforderungen an das Material der Turbinenblätter. Sie müssen den enormen Belastungen durch die Fliehkräfte standhalten. Sich zerlegende Turbinenblätter waren ein Grund für die langsame Entwicklung der Space-Shuttle Haupttriebwerke. Problematisch ist außerdem, dass zwei unterschiedliche Drehzahlen bei den Pumpen benötigt werden. Die Sauerstoffpumpe hat viel geringere Anforderungen hinsichtlich des Fördervolumens als die Wasserstoffpumpe. Bei Kerosin/LOX und NTO/Hydrazin liegen die notwendigen Drehzahlen näher beieinander. Dadurch können die Förderpumpen auf einer gemeinsamen Antriebswelle sitzen. Bei den meisten Antrieben mit LOX/LH2 werden zwei getrennte Pumpen eingesetzt. Oftmals ist die Wasserstoffpumpe auch zweistufig ausgelegt, weil eine Stufe alleine die hohen Drehzahlen nicht erbringen kann. Weiterhin müssen alle beweglichen Teile mit Wasserstoff geschmiert werden, da es kein Schmiermittel gibt, das bei den tiefen Temperaturen noch flüssig ist.

Der Lohn für diese Mühe sind sehr hohe spezifische Impulse. Sie können im Vakuum bei 4.350 bis 4.550 m/s liegen, also 40 Prozent besser als bei der Verwendung von LOX/Kerosin oder NTO/Hydrazinen. Durch die großen Tanks für den Wasserstoff sind Raketen mit diesem Treibstoff immer voluminöser als solche mit anderen Kombinationen. Das eingesetzte Mischungsverhältnis von Sauerstoff zu Wasserstoff liegt heute bei 5 bis 6 zu 1. Das stöchiometrische Verhältnis beträgt 8. Weiterhin brennen die Triebwerke länger, dadurch ergeben sich höhere Aufstiegsverluste. Sie entstehen dadurch, das die Erdgravitation bis zum Erreichen des Orbits weiter an der Rakete zerrt. Dies senkt den Vorteil von Wasserstoff wieder ab.

Wasserstoffperoxid und Hydrazin können als instabile Moleküle katalytisch zersetzt werden. Als Treibstoff aus nur einer Komponente wird Hydrazin bis heute eingesetzt. Wasserstoffperoxid wurde früher genutzt, um heißes Arbeitsgas für die Turbinen zu gewinnen. Der spezifische Impuls liegt bei 1.600 bis 2.200 m/s.

Der spezifische Impuls

Eine wichtige Kenngröße für die Effizienz eines Antriebs ist sein spezifischer Impuls. Vereinfacht gesagt, ist der spezifische Impuls ein Maß für die Energie, die vom Antrieb in nutzbaren Schub umwandelbar ist. Dies ist von vielen Faktoren abhängig. Die drei Wichtigsten sind:

- Energiegehalt des Treibstoffs
- Brennkammerdruck
- Düsenmündungsdruck

In diesem Buch wird die Ausströmgeschwindigkeit der Gase beim Verlassen der Düse als Maß für den spezifischen Impuls genommen. Das hat den Vorteil, dass die Geschwindigkeit einer Rakete sehr leicht nach der **Ziolkowskiformel** (Raketengrundgleichung) berechnet werden kann, denn es gilt:

Raketengeschwindigkeit = Ausströmgeschwindigkeit * ln (Startmasse / Leermasse)

ln() ist der natürliche Logarithmus zur Basis e (2,718281828...). In US-Medien wird die Ausströmgeschwindigkeit durch die Erdgravitationskonstante g geteilt. Im SI-System ist der spezifische Impuls von der Dimension her eine Geschwindigkeit (m/s), im imperialen System der USA hat er die Dimension einer Sekunde und kann für Berechnungen nicht genutzt werden.

Aus dem Graphen der Logarithmusfunktion folgt: Eine Steigerung des Massenverhältnisses, also eine Reduktion der Nutzlast oder der Strukturmasse, ist weitaus weniger effektiv zur Nutzlaststeigerung, als eine Erhöhung der Ausströmgeschwindigkeit (spezifischer Impuls). Das zeigt sich vor allem bei hohen Geschwindigkeiten. Damit eine Rakete so schnell ist wie die Ausströmgeschwindigkeit ihrer Gase ist muss das Verhältnis von Start- zu Brennschlussmasse etwa 2,7 betragen. Will sie doppelt so schnell sein, so muss das Verhältnis nicht doppelt so groß sein (also etwa 5,4), sondern 7,4 und für den Faktor 3 schon 20. Das erklärt auch warum Raketen mehrstufig sind, denn mit einer Stufe wäre selbst bei der leistungsfähigsten Kombination LOX/LH2 und extremer Leichtbauweise nur eine kleine Nutzlast in einen LEO transportierbar, höhere Geschwindigkeiten, wie für eine Fluchtbahn sind mit nur einer Stufe nicht erreichbar. Beim Mehrstufenprinzip werden dagegen die ausgebrannten leeren Stufen bei niedriger Geschwindigkeit abgeworfen und nur die letzte, relativ leichte Stufe erreicht einen Orbit.

In der Tabelle werden die Nutzlasten einer Titan IIIC und einer Titan IIIE verglichen. Der einzige Unterschied zwischen beiden Trägern ist die letzte (vierte) Stufe. Sie wurde bei der Titan IIIE durch die Centaur-Oberstufe mit 50 Prozent höherer Ausströmgeschwindigkeit ersetzt. Wie deutlich zu erkennen ist, nimmt die Nutzlast der Titan IIIC bei höheren Geschwindigkeiten (höhere Umlaufbahnen, Fluchtbahnen) stärker ab als bei der Titan IIIE, obwohl beide Raketen fast gleich viel wiegen. Zudem ist die Nutzlast absolut höher.

	Titan IIIC	**Titan IIIE**
Letzte Stufe:	Transtage	Centaur D-1T
Startgewicht letzte Stufe:	12,4 t	15,9 t
Startgewicht Trägerrakete:	635 t	638 t
Spezifischer Impuls letzte Stufe:	3051 m/s	4354 m/s
Nutzlast 185 km Bahn:	13.150 kg	15.422 kg
Nutzlast GTO Orbit:	4.770 kg	7.130 kg
Nutzlast Fluchtgeschwindigkeit:	3.100 kg	5.150 kg
Nutzlast GEO Orbit:	1.600 kg	3.550 kg

In der Tat ist der Einfluss des spezifischen Impulses auf die Nutzlast groß. Eine zweistufige Rakete mit der Kombination Hydrazin/NTO in beiden Stufen kann etwa 2,4 Prozent ihres Startgewichts als Nutzlast in eine 200 km hohe Umlaufbahn befördern. Werden dagegen in beiden Stufen Wasserstoff/Sauerstoff genutzt, steigt der Nutzlastanteil auf 6,5 Prozent. Das ist mehr als das Doppelte, obwohl der spezifische Impuls nur etwa 40 Prozent höher ist.

Treibstoffförderung

Ein Raketentriebwerk verbrennt Treibstoff unter hohem Druck. Dabei muss der Druck beim Einspritzen in die Brennkammer größer sein, als der durch die Verbrennung erzeugte Druck in der Brennkammer. Anhand des Verfahrens, wie der Treibstoff gegen den Verbrennungsdruck in die Brennkammer eingespritzt wird, werden verschiedene Typen von Raketenmotoren unterschieden.

Bei der **Druckgasförderung** stehen die Treibstofftanks unter hohem Druck. Dies limitiert den Brennkammerdruck auf niedrigere Werte. Außerdem werden die Tanks schwer, vor allem, wenn sie nicht kugelförmig sind. Zylindrische Tanks müssen versteift werden, um nicht durch den Druck auszubeulen. Diese Art der Treibstoffförderung ist einfach und zuverlässig. Die Tanks müssen, damit der Treibstoff gegen den Brennkammerdruck eingespritzt werden kann, einen höheren Druck als die Brennkammer aufweisen. Typischerweise haben die Tanks einen Betriebsdruck von 15 bis 20 bar, der Brennkammerdruck beträgt dann 8 bis 10 bar. Das beschränkt die nutzbare Energieausbeute aus dem Treibstoff.

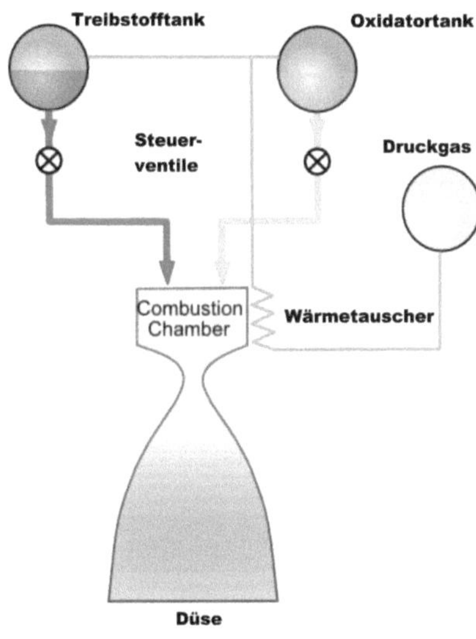

Abbildung 1: Prinzip der Druckgasförderung

Die Druckgasförderung ist bei Satellitenantrieben die einzige Form der Treibstoffförderung. Bei hypergolen Treibstoffen genügt es, die Ventile zu den Treibstoffleitungen zu öffnen, um das Triebwerk zu zünden. Unter **hypergolen** Treibstoffen versteht man Kombinationen, die sich bei Kontakt selbst entzünden. Das ist der Fall bei Stickoxiden und Hydrazinen. Andere Zündmethoden sind elektrische Zündung durch Funken oder Fackeln, kleine Festtreibstoffzünder oder der Einsatz einer hypergolen Flüssigkeit als Starter (dies wird vor allem bei LOX/Kerosin eingesetzt). So entfällt bei druckgeförderten Triebwerken eine komplexe Zündsequenz, die bei anderen Verfahren nötig ist. Der Tankdruck wird mit Helium aus einem Hochdrucktank gewährleistet. Bei kleinen Tanks wie in Satelliten ist es üblich, das der Tank beim Start nur teilweise gefüllt ist und das Helium das Restvolumen einnimmt. Der Druck sinkt dann mit der Entleerung ab. Das spart aber eine Heliumdruckgasflasche ein. Bei diesen Tanks ist es oft so, das eine Gummimembran Gas und Treibstoff trennt. Da Gummi dehnbar ist, drückt die Membran den Treibstoff an die Wand wo die Leitungen zu dem Triebwerk liegen, das vereinfacht die Zündung erheblich.

Vor der Zündung werden die Tanks mit Helium unter Druck gesetzt. Während der Entleerung der Tanks wird Gas nachgefüllt. Auch im Orion-Raumschiff wird diese sehr zuverlässige Technik eingesetzt, da die einzigen beweglichen Teile die Ventile sind. Die Zahl der Fehlermöglichkeiten sind daher gering. Deswegen wurde Druckgasförderung bei den Antrieben des Apollo-CSM und LM genutzt. Die Delta Oberstufe und das Shuttle OMS arbeiteten ebenfalls mit Druckgasförderung.

Die Treibstofftanks werden bei fast allen Trägern „druckbeaufschlagt". Der Grund ist relativ einfach: Ein Tank unter Druck hat mehr Steifheit und eine höhere strukturelle Integrität. Das erlaubt es im Extremfall, die Wände so dünn zu fertigen, dass der Tank ohne Druckstabilisierung unter seinem eigenen Gewicht kollabieren würde. So wurde es bei der alten Atlas-Stufe, der Centaur und der Ariane 5 EPC gehandhabt. Ein weiterer Vorteil ist, dass die Treibstoffe mit Druck in den Gasgenerator / Vorbrenner / Triebwerk gepresst werden. Das verringert die Kavitation. Um den Druck bei Abnahme der Treibstoffvorräte aufrechtzuerhalten, wird Druckgas nachgefüllt. Üblich sind zwei Verfahren: Das Verdampfen der Treibstoffkomponenten, um damit die Tanks unter Druck zu setzen (oft bei leicht verdampfbaren Wasserstoff und Sauerstoff praktiziert) oder der Einsatz von Helium aus einer Druckgasflasche (angewandt bei Kerosin und lagerfähigen Treibstoffen). Helium wird genommen, weil der Druck von der Molekülzahl, aber nicht von der Masse abhängt. Denn Helium hat die kleinste Molmasse aller inerten Gase. 1 Kubikmeter Helium wiegt bei einem Druck von 1 bar 0,178 kg, ein m³ Luft oder Stickstoff dagegen 1,3 kg. Außerdem ist Helium selbst bei der Temperatur von flüssigen Wasserstoff noch gasförmig. Das Verdampfen von Treibstoff erfolgt mit einem Wärmetauscher am Triebwerk, wo genügend Abwärme vorhanden ist. Warmes Gas hat zudem eine noch niedrigere Dichte.

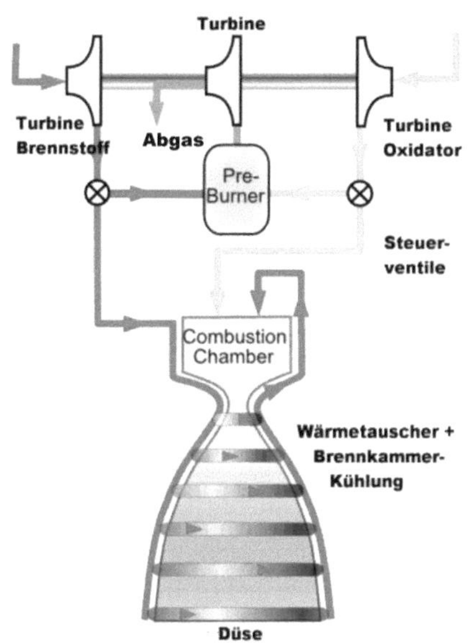

Abbildung 2: Antriebsschema des Gasgeneratorbetriebs

Beim klassischen **Nebenstromverfahren** wird ein Teil des Treibstoffes in einem Gasgenerator verbrannt. Er bildet einen zweiten Treibstofffluss, den „Nebenstrom“. Das dabei entstehende Verbrennungsgas treibt die Gasturbine an, welche über eine rotierende Welle die Treibstoff-Turbopumpe antreibt. Der Förderdruck der Turbopumpe kann viel höher als der Tankdruck sein. Damit nicht zu hohe Temperaturen entstehen, wird üblicherweise der Verbrennungsträger im Überschuss verbrannt. Der Gasgenerator ist eine Brennkammer im Kleinen. Eine Kühlung ist wegen der geringeren Temperaturen von typischerweise 800 – 900 K nicht nötig. Das Nebenstromverfahren ist zuverlässig und erprobt. Es hat aber technologische Grenzen. Bei hohen Brennkammerdrücken sinken die Wirkungsgrade der Turbopumpen ab. Dann braucht man überproportional viel Gas für die Turbine. Die meisten Triebwerke mit Gasgeneratorbetrieb arbeiten mit 60 – 80 bar Brennkammerdruck. Das Vulcain 2, Rekordhalter bei dieser Technologie, arbeitet mit 120 bar schon jenseits des Optimums, das bei etwa 90 – 100 bar liegt.

Hinzu kommt, dass beim Nebenstromverfahren das Gas für den Gasgenerator nicht für die Verbrennung im Triebwerk genutzt werden kann. Die Menge des Treibstoffs, die vom Gasgenerator benötigt wird, nimmt mit steigendem Förderdruck zu. Das Abgas des Gasgenerators wird zum Teil für andere Aufgaben genutzt, z. B. um die Triebwerke zu schwenken (als Pneumatikgas) oder mit Düsen die Rollachse zu stabilisieren. Der größte Teil aber wird über einen „Auspuff“ neben dem Triebwerk ins Freie entlassen. Bei manchen Triebwerken wird es auch zur Nachverbrennung in die Düse injiziert. Die meisten Triebwerke, welche die USA entwickelt haben, nutzen den Gasgeneratorantrieb. So die Triebwerke der Thor, Atlas und Titan, aber auch die H-1, J-1 und F-1 Triebwerke der Saturn. Auch das RS-68 der Delta 4 und das Merlin der Falcon 9 nutzen dieses Verfahren. Es wird noch heute in neuen Triebwerken eingesetzt.

Beim **Hauptstromverfahren** wird der gesamte Treibstoff in der Brennkammer verbrannt. Es wird kein separater Gasgenerator benötigt. Etabliert haben sich zwei Verfahren: Expander Cycle und Staged Combustion Verfahren.

Beim "**Staged Combustion**" Verfahren wird der Treibstoff teilweise in einem Vorbrenner verbrannt (zum Beispiel der ganze Verbrennungsträger mit einem Teil des Oxidators). Der Vorbrenner ersetzt den Gasgenerator. Er funktioniert aber nach dem gleichen Prinzip. Das erzeugte, heiße Gas, treibt die Turbopumpe an. Durch die hohe Gasmenge werden hohe Förderdrücke erreicht. Dieses Gas wird mit dem Rest des Oxidators zur vollständigen Verbrennung in die Brennkammer eingespritzt. Im Russischen wird diese Technologie auch Gas-Flüssig genannt, weil eine Treibstoffkomponente als Gas injiziert wird. Dagegen werden beim Nebenstromverfahren (Gasgeneratorverfahren) beide Treibstoffe als Flüssigkeit injiziert.

Die Turbopumpen können hohe Leistungen bei einem hohen Wirkungsgrad erreichen. Der Brennkammerdruck ist hoch. Triebwerke dieses Typs haben Brennkammerdrücke zwischen 150 bis 270 bar. Dies ist besonders beim Betrieb von Erststufen vorteilhaft, da hier der Düsenmündungsdruck nicht viel unter 1 bar liegen darf. Düsen mit hohen Entspannungsraten erfordern daher einen hohen Brennkammerdruck. Weiterhin sind durch den hohen Druck die Brennkammern kompakt und die Triebwerke leichter als Konstruktionen nach dem Nebenstromverfahren.

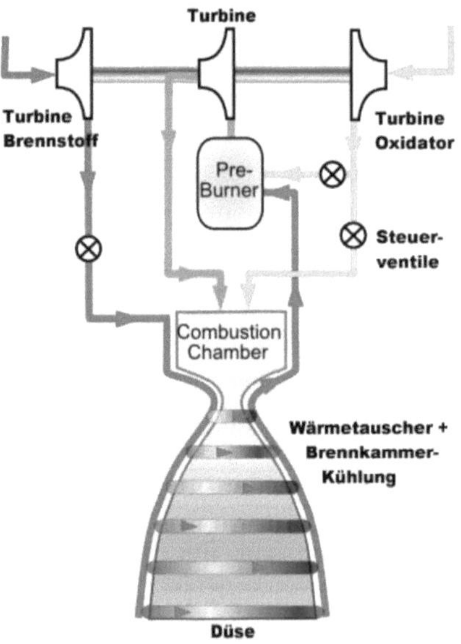

Abbildung 3: Antriebsschema des „Staged Combustion“ Prinzips

Durch den hohen Brennkammerdruck wird der Treibstoff gut ausgenutzt. Es gibt kein

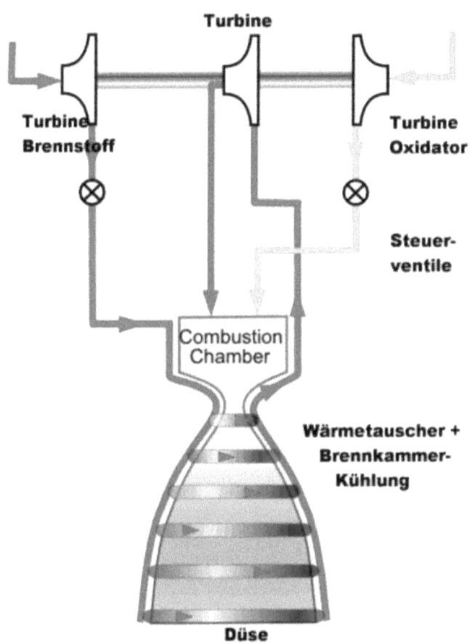

Abbildung 4: Antriebsschema „Expander Cycle“

unverbranntes Gas wie beim Nebenstromverfahren. Dieses Verfahren setzen die meisten modernen russischen Triebwerke ein. Auch das SSME (**S**pace **S**huttle **M**ain **E**ngine) arbeitet nach diesem Verfahren. Die hohen Anforderungen führen dazu, dass die Triebwerke teuer sind. Russland entwickelte zahlreiche Triebwerke mit gestaffelter Verbrennung, vor allem für die Kombination Kerosin/Sauerstoff. Die Entwicklung des einzigen russischen Triebwerks RD-0120 mit der Kombination LOX/LH2 (für die Energija) wurde sehr teuer. Es wird heute nicht mehr eingesetzt. Das amerikanische BE-4 für die Vulcan und das Raptor für das Starship arbeiten ebenfalls nach dieser Technologie.

Beim „**Expander Cycle**“-Verfahren durchströmt der gesamte Verbrennungsträger zuerst die Brennkammerwand zur Kühlung. Dabei erwärmt er sich und verdampft. Das Gas treibt die Turbine an. Anwendbar ist das Verfahren nur bei Wasserstoff und Methan, da andere Treibstoffe bei der Kühlung nicht verdampfen. Die erzeugte Gasmenge und ihr Druck hängen von der aufgenommenen Wärmemenge ab. Deswegen eignet sich dieses Verfahren nur für kleine bis mittelgroße Triebwerke bis etwa 300 kN Schub. Dies ist dadurch bedingt, dass die Oberfläche der Brennkammer quadratisch zum Durchmesser ansteigt, der Schub aber in der dritten Potenz.

Erstmals wurde das Expander Cycle Verfahren beim RL10, welches die Centaur Oberstufe antreibt, eingesetzt. Es ist das effizienteste Verfahren für Oberstufen (für Erststufen ist der erreichbare Schub zu gering). Die Wiederzündung ist ebenfalls einfacher als beim Gasgeneratorprinzip. Bei diesem muss zeitlich präzise abgestimmt der Gasgenerator in Betrieb genommen und danach die geförderten Gase in der Brennkammer entzündet werden. Beim Expander Cycle Verfahren genügt es, aus einem Hochdrucktank Startgas zu den Turbinen zu leiten, um sie auf niedrige

Umdrehungszahlen zu bringen. Damit wird etwas Treibstoff gefördert, der durch die große Oberfläche der Brennkammerwand verdampft und eine höhere Turbinenleistung ermöglicht, welche wiederum die Treibstoffmenge erhöht. Diese Vorgehensweise wird daher als „Bootstrap Cycle" bezeichnet. Außerdem ist das Triebwerk durch den fehlenden Gasgenerator einfacher aufgebaut und hat weniger Fehlerquellen. Interessanterweise hat Russland diese Technologie noch nicht in Serientriebwerken eingesetzt, und setzt beim RD-0146 Oberstufentriebwerk auf Basis von LH2/LOX das Staged Combustion Verfahren ein.

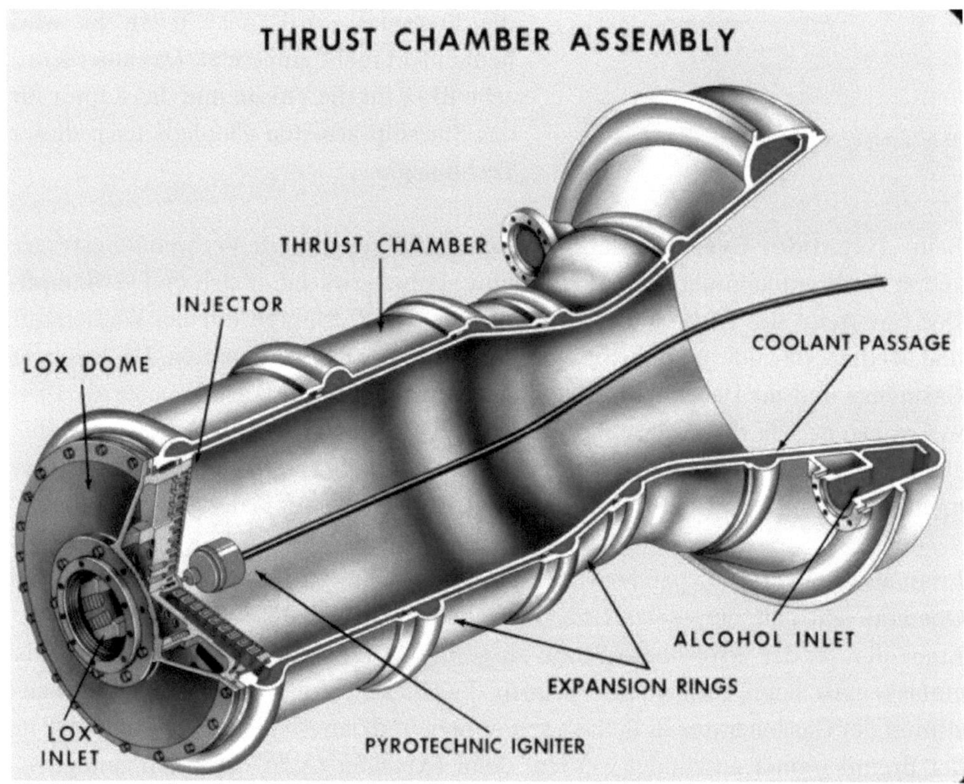

Abbildung 5: Aufbau des A-6 Triebwerks der Redstone, heutige Triebwerke sind deutlich komplexer aufgebaut.

Feste Treibstoffe – Alt und doch neu

Feste Treibstoffe sind in Pulverraketen seit Hunderten von Jahren im Einsatz. Doch die modernen Feststoffantriebe wurden erst in den letzten Jahrzehnten entwickelt. Bisher haben nur wenige Nationen die Fähigkeit zum Bau großer und leistungsfähiger Feststoffantriebe erworben. China und Russland haben diesen Schritt bei zivilen Trägerraketen gerade erst getan. Die USA haben bereits Mitte der sechziger Jahre begonnen, feste Treibstoffe für militärische Raketen einzusetzen. Alle nach 1965 eingeführten militärischen Kurz-, Mittel- und Langstreckenraketen waren Feststoffraketen. Auch bei Trägerraketen spielen feste Treibstoffe eine große Rolle. Es sind mit der Minotaur I/IV/6, Pegasus und Taurus XL sogar sechs reine Feststoffraketen im Einsatz.

Die heute verwendeten, modernen Treibstoffe bestehen aus drei Komponenten:

- Dem Oxidator Ammoniumperchlorat, der etwa zwei Drittel der Gesamtmasse ausmacht. Er liefert den Sauerstoff für die Verbrennung.
- Dem Verbrennungsträger Aluminium, der die Energie liefert (etwa 14 – 20 Prozent).
- Dem Binder, einem Kunstharz, das aushärtet und dabei die anderen Komponenten bindet.

Dieser Binder ist die wichtigste Neuerung bei den modernen festen Treibstoffen. Er erlaubt es, Mischungen zu erzeugen, die kontrollierbar und linear abbrennen. Der spezifische Impuls konnte gegenüber früheren Mischungen gesteigert werden. Er liegt heute bei einem Spitzenwert von etwa 2.900 m/s – nur wenig unterhalb von NTO/Hydrazin, einer typischen lagerfähigen Treibstoffkombination. Dabei entschärft der Binder den Treibstoff. Die früher verwendete heterogene Mischung, wie das klassische Schwarzpulver, konnte explodieren, wenn es nicht gleichmäßig in die Form gepresst war. Als Binder werden Polymere verwendet, die durch einen Radikalstarter bei der Produktion vernetzt werden. Dabei werden in Mischern Aluminium und Ammoniumperchlorat zugemischt und die Mischung gerührt, bis sie zähflüssig ist und sich das schwerere Aluminiumpulver nicht mehr abtrennen kann. Nach einigen Tagen des Aushärtens entsteht eine gummiartige Masse. Sie brennt nur an der Oberfläche. Selbst bei einer Explosion, wie sie bei der Selbstzerstörung eines Boosters vorkommt, explodiert der Treibsatz nicht. Im Gegenteil: Wenn der Brennkammerdruck unter einen Mindestdruck sinkt, verlöscht er.

Der Schubverlauf eines Feststoffantriebs kann auf zwei Arten beeinflusst werden. Beide Möglichkeiten bestehen nur während der Herstellung.

Die erste Möglichkeit besteht darin, den Treibsatz in eine passende Form zu gießen, sodass sich die geeignete Geometrie ergibt. Der Schub eines Feststofftriebwerks ist proportional zur abbrennenden Oberfläche. Ein fester Treibsatz weist in der Mitte ein Loch auf, welches sich vom Anfang bis zum Ende des Treibsatzes erstreckt. Durch die Form dieser Öffnung werden Form und Größe der Oberfläche bestimmt. Der Treibsatz brennt von innen nach außen ab. Während der Herstellung befindet sich in der späteren Höhle ein Zapfen, der nach dem Aushärten entfernt wird.

Große Booster werden aus Segmenten hergestellt, die separat befüllt werden. Es ist auch möglich, große Segmente schrittweise zu befüllen.

Es gibt es zwei verbreitete Geometrien für die Öffnung im Treibsatz. Das sind der sogenannte Sterninnenbrenner, bei dem die Öffnung im Treibsatz eine Sternform aufweist und den normalen **Innenbrenner**. Der Innenbrenner hat eine kreisförmige Öffnung, der Treibstoff befindet sich in einem Kreiszylinder und schließt mit der Wand ab. Da die Öffnung beim Abbrand immer größer wird, steigt der Schub beim Kreisinnenbrenner langsam an. **Sterninnenbrenner** haben eine sternförmige Oberfläche. Je nach geometrischer Form kann der Schubverlauf sehr komplex sein. In der Regel sind Sterninnenbrenner Antriebe mit kurzer Brennzeit und gleichmäßigen Schub. Die Variante ohne zentrale Öffnung, der **Stirnbrenner**, mit konstantem Schub, wird nicht eingesetzt. Er hat den Nachteil, dass die Brennkammerwand über die ganze Brennzeit hohen Temperaturen ausgesetzt wird. Bei den Innenbrennern erreicht die Flammenfront die Gehäusewand erst beim Brennschluss. Die Shuttle SRB setzen in einem Segment einen Sterninnenbrenner mit elf

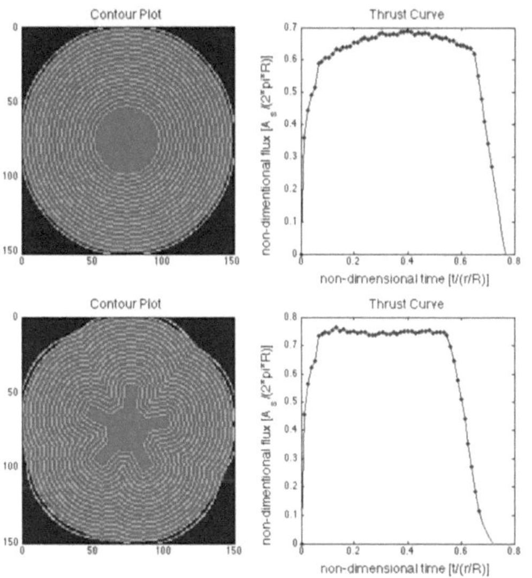

Abbildung 6: Schub/Zeitverhalten beim Sterninnenbrenner und normalen Innenbrenner

Zacken ein, der einen hohen Startschub ergab. Der Schub sinkt durch Verringerung der Oberfläche nach 50 Sekunden ab. Zu diesem Zeitpunkt durchquert das Shuttle die Zone maximaler aerodynamischer Belastung. Die anderen Segmente haben normale Innenbrenner.

Die zweite Möglichkeit zur Steuerung des Schubverlaufs besteht darin, durch die Zusammensetzung des Binders die Abbrandrate zu verringern oder zu beschleunigen. Werden verschiedene Mischungen schichtenweise aufgetragen, sind mit dieser Methode komplexe Schubverläufe möglich. Zugesetzt werden Katalysatoren, welche die Abbrandrate beschleunigen (z. B. Eisen). Möglich ist auch der Einsatz von Inhibitoren, welche wie Flammlöschmittel den Abbrand verlangsamen. Sie wurden bei den Shuttle SRB eingesetzt.

Technisch ist es möglich, den Abbrand von Feststofftriebwerken zu stoppen. Beim Erreichen der Zielgeschwindigkeit können in der Nase große Öffnungen frei gesprengt werden. Durch sie sinkt der Druck im Booster ab, was bei Unterschreiten eines Mindestdrucks von typischerweise 2,5 bar zum Verlöschen führt. Doch eingesetzt wurde dies bisher bei keinem Antrieb.

Wenn eine geringere Performance benötigt wird, kann aus der Füllung Treibstoff herausgeschnitten werden. Das bezeichnet man als „Off-Loading". Üblich ist ein Off-Loading von bis zu 10 Prozent der Treibstoffmenge. Bei der IUS-Oberstufe waren sogar bis zu 50 Prozent des Treibstoffs entfernbar.

Wie funktionieren Feststoffbooster?

Feststoffbooster bestehen aus einer stabilen Hülle, einer Düse und einem Zünder. Die Hülle ist massiver als die Treibstofftanks einer Stufe mit flüssigen Treibstoffen. Schließlich muss sie dem Verbrennungsdruck widerstehen. Er liegt bei 50 bis 80 bar, entsprechend haben große Booster Stahlgehäuse von 8 (Ariane 5) bis 12 mm Wandstärke (Shuttle-SRB).

Der Zünder ist ein kleines Feststofftriebwerk im Kopf des Boosters, das bei der Zündung eine Flamme in den Verbrennungsraum schickt und diesen entzündet. Auf der Oberfläche des Treibstoffes befindet sich eine Schicht feines Pulver, das sich schnell entzündet. So baut sich innerhalb eines Bruchteils einer Sekunde der Schub auf. Die Oberfläche brennt langsam ab, wobei die Abbrandrate abhängig vom Innendruck und der Mischung ist. Da sich der Innenraum laufend vergrößert, nimmt der Druck während des Betriebs ab. Damit reduzieren sich auch Abbrandrate und Schub. Wenn die Flammenfront die Wand erreicht, stoppt die Verbrennung. Unterschreitet der Druck im Booster einen Minimalwert, so verlöscht der Booster. Es verbleiben daher immer unverbrannte Reste in einem Feststofftriebwerk.

Je länger ein Booster ist, um so größer ist die Abbrandfläche und um so dünner die Schicht, die als Treibsatz fungiert. Ein langer und schmaler Booster hat einen hohen Schub und eine kurze Brennzeit. Der Rekord für die Brennzeit liegt bei 145 s Brennzeit bei den Titan IVB SRM.

Es gibt eine Reihe von Besonderheiten. Die Düsen können nicht aktiv gekühlt werden. Sie bestehen aus hochtemperaturfesten Materialien wie Stahl oder Niob. Oft sind sie mit einem hochtemperaturfesten Schutz belegt, der ablativ verbrennt (z. B. Graphit, Epoxidharze mit Silikateinschlüssen). Damit ist auch der Düsenhals belegt, bei dem die höchsten Temperaturen auftreten. Ein Problem ist, dass sich das Verbrennungsprodukt Aluminiumoxid schon in der Brennkammer auskristallisiert. Es muss verhindert werden, dass es sich am Düsenhals ablagert.

Die Schubrichtung (Schubvektor) konnte lange nicht verändert werden (fest angebrachte, nicht schwenkbare Düsen). Daher wurde sie zunächst durch Injektion von flüssigem Treibstoff beeinflusst. Bei den Titan III Boostern wurde Stickstofftetroxid in den Düsenhals injiziert. Es erhöhte den Sauerstoffanteil und führte zu einer Nachverbrennung mit einem lokal höheren Schub, der die Schubrichtung beeinflusste. Alternative Verfahren sind zusätzliche Triebwerke mit flüssigem Treibstoff zur Schubrichtungskontrolle. Oft verzichtete man auf die Veränderung des Schubvektors. Man richtet die Stufe vor der Zündung korrekt aus und bringt sie in schnelle Rotation. Diese Rotation um die Längsachse stabilisiert den Antrieb.

Heute werden schwenkbare Düsen eingesetzt. Die ersten schwenkbaren Düsen wurden bei den Shuttle-SRB eingesetzt. Die technische Herausforderung besteht darin, dass die Düse beweglich sein muss und die Bewegung gegen den sehr hohen Brennkammerdruck erfolgt. Dazu werden sehr hohe Kräfte benötigt. Bei den Shuttle-SRB gab es einen Gasgenerator, der Hydrazin zersetzte, um Arbeitsgas für eine pneumatische Schwenkung zu liefern. Heute sind elektromechanische Schwenkvorrichtungen im Einsatz, die einfacher und preiswerter als die hydraulischen oder pneumatischen Systeme sind. Ermöglicht wird das durch leistungsfähige Batterien, die eine hohe Leistung bei kurzen Betriebszeiten liefern.

Fortschritte gibt es auch bei der Fertigung von leichten Gehäusen. Durch den hohen Innendruck waren sie bei großen Boostern aus Stahl gefertigt und sehr schwer. Oberstufen wie die PAM-D oder Burner-II sind kleiner und wurden schon vor Jahrzehnten aus Glasfaser- oder Kohlefaserverbundwerkstoffen hergestellt. In beiden Fällen ist die Wand mit einem Thermalschutz überzogen. Früher war das meist ein Asbestfasergeflecht, heute eine ausgehärtete Silikat-Phenolharzmischung oder ein synthetischer Gummi, welcher verkohlt und isoliert.

Die Technologie, große Gehäuse aus Graphitfaser-Verbundwerkstoffen herzustellen (eine Technologie, die vom Flugzeugbau übernommen wurde), erlaubt nicht nur hervorragende Voll-/Leermassenverhältnisse. Damit ist es auch möglich, den Brennkammerdruck zu steigern. In der Summe sind aktuelle Feststoffantriebe schon fast so leistungsfähig wie Stufen mit mittelenergetischen flüssigen Treibstoffen. CFK-Werkstoffe bestehen aus Graphitfasern in einer Masse aus Epoxidharz.

Das Harz wird dann in großen Autoklaven ausgehärtet. CFK-Werkstoffe sind 4,3-mal leichter als Stahl, aber genauso stark beanspruchbar. Er P120C Booster der Ariane ist der größte Booster im Einsatz mit dieser Technologie. Die Wandstärke beträgt hier 28 mm. Trotzdem erreicht er ein Voll-/Leermasseverhältnis von 12,2 zu 1. Das Gehäuse macht nicht einmal die Hälfte der Trockenmasse aus.

Ein Vorteil eines Feststoffantriebs ist, dass er einfacher als eine Stufe mit flüssigem Treibstoff vergrößert werden kann. Das Verlängern der Tanks einer Stufe ist sehr populär und wurde bei zahlreichen Trägern angewandt (so bei Atlas, Delta oder Titan). Doch da der Schub des Triebwerks gleich bleibt, sind dem enge Grenzen gesetzt. Meist war dies nur durch ein neues Haupttriebwerk oder die Startunterstützung durch Booster möglich.

Wird ein Feststoffbooster verlängert, steigt der Schub linear an, während die Brennzeit konstant bleibt. So wurden die Titan-Booster von fünf auf fünfeinhalb und zuletzt auf sieben Segmente verlängert. Allerdings verändert sich die Belastung der Rakete durch die induzierten Vibrationen. Dies macht in der Regel weitere Modifikationen notwendig. Trotzdem ist das Verlängern eines Feststoffboosters erheblich einfacher als die Verlängerung einer Stufe mit flüssigen Treibstoffen.

Ein Nachteil des festen Treibstoffs ist die ökologische Belastung. Bei der Verbrennung entsteht Salzsäure. Deren Freisetzung in der höheren Atmosphäre kann die Ozonschicht schädigen.

Der größte Nachteil eines Feststoffboosters sind die Vibrationen und ihre Übertragung. Bei einem Antrieb mit flüssigen Treibstoffen entstehen sie im Triebwerk. Es gibt Möglichkeiten, die Vibrationen zu dämpfen. Eine Möglichkeit ist die Konstruktion des Schubgerüstes. Eine weitere der Einsatz von Druckgas bei den Treibstoffleitungen, das vor allem die Kavitation unterdrückt. Bei den Feststoffboostern entstehen im ganzen Gehäuse niederfrequente Schwingungen, welche in stärkerem Ausmaß Treibstoffe zum Schwappen bringen. Außerdem ist die Amplitude, also die Intensität der Schwingung höher.

Der Effekt ist abhängig davon, wo die Schwingungen übertragen werden. Bei der Titan erfolgte die Übertragung oben über den Stufenadapter der ersten Stufe. Das machte eine Verstärkung der zweiten Stufe notwendig. Allerdings setzte diese Stufe Treibstoffe mit hoher Dichte ein, sodass das Zusatzgewicht verschmerzbar war. Bei Ariane 5 erfolgt die Übertragung ebenfalls im Stufenadapter, sodass Zentralstufe kaum betroffen ist. Dagegen werden Oberstufen und Nutzlast stark durchgeschüttelt. Bei der EPS-Stufe mit lagerfähigen Treibstoffen war dies nicht problematisch: Sie verwendete wegen der Druckgasförderung dickwandige Tanks. Bei der kryogenen Oberstufe ECA mit dem großvolumigen Wasserstofftank ergab es jedoch ein sehr hohes Trockengewicht. Das war allerdings auch durch die ungünstige Tankkonstruktion bedingt. Im Allgemeinen weisen kryogene Stufen auf Trägern mit schubstarken Feststoffboostern höhere Leermassen auf, wie auch der Vergleich der Centaur auf der Titan und der Atlas zeigt.

Der Hauptvorteil von Feststofftriebwerken ist ihr einfacher Aufbau. Die Zuverlässigkeit ist dadurch hoch: Bei 430 Starts der Thor und Delta mit Castor und GEM-Boostern (die meisten davon in der Konfiguration mit neun Boostern) gab es nur zwei Fehlstarts aufgrund der Booster. Ihr einfacher Aufbau ergibt nur wenige Fehlerquellen. Es gab bei 742 US-Starts von 1966 bis 1987 genau 58 Fehlstarts. Davon entfielen 22 auf das Versagen von Antrieben mit flüssigen Treibstoffen und nur 10 auf Feststoffantriebe.

Vor allem sind Feststoffbooster preiswert: Die Booster einer Titan 3 machten nur ein Zehntel der Gesamtkosten aus, obwohl sie 70 Prozent des Startgewichts umfassten. Es gibt auch Gegenbeispiele: So erwies sich die IUS als eine extrem teure Oberstufe. Denn sie musste Fähigkeiten aufweisen, die untypisch für eine Feststoffoberstufe sind. Das betrifft eine Dreiachsenstabilisierung, Ausrichtung der Nutzlast vor der Abtrennung und eine sehr hohe Bahngenauigkeit. Der Treibstoffvorrat steht vor dem Start fest und ein Booster kann nicht einfach bei Erreichen der Sollgeschwindigkeit abgeschaltet werden. Deswegen weisen Feststoffantriebe im Normalfall höhere Abweichungen von der Sollbahn auf als Antriebe mit flüssigen Treibstoffen. Kleine Trägerraketen kompensieren dies mit Treibstofftanks und kleinen Triebwerken in der Avionik die nach Brennschluss die Bahn feinjustieren, so zum Beispiel bei der Vega.

Erdumlaufbahnen

Im Zusammenhang mit Erdumlaufbahnen werden Begriffe verwendet, welche hier kurz erläutert werden sollen. Unter dem **Perigäum** wird der erdnächste Punkt einer elliptischen Umlaufbahn verstanden; der erdfernste Punkt wird als **Apogäum** bezeichnet. Jede Bahn hat eine Neigung zum Äquator, die **Inklination**. Sie legt fest, welche Gebiete der Satellit bei seinen Umläufen überfliegt. Eine Bahnneigung von 50 Grad bedeutet, dass ein Satellit die Erde zwischen 50 Grad nördlicher und 50 Grad südlicher Breite überfliegt. Er kann nie höhere Breiten als 50 Grad erreichen. Es gibt Erdumlaufbahnen mit besonderer Bedeutung:

- **LEO** (**L**ow **E**arth **O**rbit): In diese Umlaufbahn befördern Trägerraketen die höchste Nutzlast. Die Bahnhöhe ist gering und liegt üblicherweise bei 170 bis 300 km. Die Nutzlast einer Trägerrakete wird maximiert, wenn die Inklination der Bahn der geografischen Breite des Startplatzes entspricht. Oftmals ist ein LEO nur eine Übergangsbahn zur Erreichung anderer Umlaufbahnen. Ein 186 km hoher LEO-Orbit mit einer Inklination von 28,5 Grad (dem Breitengrad von Cape Canaveral) war oft die Referenz für Nutzlastangaben der NASA. Die krumme Angabe resultiert daraus, dass die Raumfahrt aus der Luftfahrt hervorging. Dort wurde mit nautischen Meilen (1 nm = 1.852 m) gerechnet.

- **PEO** (**P**olar **E**arth **O**rbit): Dies ist eine Bahn, welche direkt über die Pole führt und so die Beobachtung der ganzen Erde ermöglicht.

- **SSO** (**S**un-**S**ynchronous **O**rbit): Der sonnensynchrone Orbit ist die wichtigste Umlaufbahn für die Erdbeobachtung. Die Inklination ist größer als beim PEO und liegt je nach Höhe bei 96 bis 110 Grad. Die typische Bahnhöhe beträgt etwa 600 bis 1.000 km. Ein Satellit in dieser Bahn passiert ein Gebiet auf der Erde immer zur gleichen lokalen Uhrzeit. Dadurch ist der Schattenwurf bei Aufnahmen aus verschiedenen Umläufen identisch. Das erleichtert die Auswertung. Weiterhin werden Solarpaneele ohne Unterbrechung beschienen und sichern dauerhaft die Energieversorgung.

- **GEO / GSO** (**Ge**o-**S**ynchronous **O**rbit): Die geosynchrone Umlaufbahn liegt in knapp 36.000 km Höhe über dem Äquator. Ein Satellit im GEO umkreist die Erde einmal in 24 Stunden. Da diese sich in 24 Stunden um ihre Achse dreht, steht er von der Erde aus gesehen scheinbar still. Dies ist von Vorteil, wenn der Satellit als Kommunikationsrelais benutzt werden soll. Deshalb befinden sich die traditionellen Nachrichtensatelliten in einem GEO. In der Regel wird der Satellit von einer Trägerrakete zuerst in einen GTO transportiert, bevor er den GEO mit eigenem Antrieb erreicht. Der Energiebedarf ist abhängig von der Inklination des GTO.

- **GTO** (**G**eo-Synchronous **T**ransfer **O**rbit): Der geosynchrone Übergangsorbit ist eine Bahn, die zwischen dem LEO-Orbit und dem GEO-Orbit liegt. Der erdnächste Punkt liegt in etwa 200 km Höhe und der erdfernste in Höhe des GEO-Orbits, also in 36.000 km Entfernung. Wenn ein Satellit in 36.000 km Höhe angekommen ist, muss er mit seinem eigenen Antrieb den erdnächsten Punkt anheben (Zirkularisierung) und die Inklination der Bahn auf 0 Grad senken. Beim Start von der CCAF muss die Geschwindigkeit um 1.820 m/s erhöht werden. Ist ein Satellit schwerer oder leichter als die maximale Nutzlast der Trägerrakete für den GTO-Orbit, kann es sinnvoll sein, ihn in einen **subsynchronen** (Apogäum kleiner als 36.000 km) oder **supersynchronen** (Apogäum höher als 36.000 km) GTO-Orbit zu befördern. Die meisten zivilen Kommunikationssatelliten haben einen eigenen Antrieb (Apogäumsmotor), während bei militärischen Nutzlasten die Oberstufe die Zirkusarisierung der Bahn durchführt. Bei kommerziellen Starts ist der GTO mit einem Δv von 1.500 m/s, wie ihn Arianespace erreicht, Standard. Dies erfordert einen supersynchronen GTO beim Start von den USA aus.

- **MEO** (**M**edium **E**arth **O**rbit): Mittelhohe Erdbahnen sind alle Bahnen oberhalb des SSO und unterhalb des GEO. Diese Bahnen decken einen Bereich von 1.200 bis 36.000 km Höhe ab. Genutzt wird aber nur eine Zone in 17.000 bis 24.000 km Höhe. Hier befinden sich die Bahnen der Navigationssatelliten, wie dem amerikanischen Navstar-, dem russischen Glonass- und dem europäischen Galileosystem. Die Umlaufszeit beträgt dann 12 Stunden.

- **Fluchtbahnen**: Alle Bahnen, bei denen eine Geschwindigkeit erreicht oder überschritten wird, die höher als √2-mal der Geschwindigkeit einer Kreisbahn in dieser Bahnhöhe ist, führen aus der Einflusssphäre der Erde hinaus. Hier ist es üblich, die Größe c_3, das Quadrat der Geschwindigkeit im Unendlichen, anzugeben. In 186 km Höhe beträgt die Fluchtgeschwindigkeit 11.033 m/s. c_3 ist dann 0. Raumsonden zur Venus müssen eine Geschwindigkeit von mindestens 11,2 km/s erreichen, was einem c_3 von 7 km^2/s^2 entspricht. Zum Mars sind es mindestens 11,4 km/s, was c_3=13 km^2/s^2 entspricht.

Oft wird bei Bahnen, die keinen bestimmten Umlaufzeiten genügen müssen, die Höhe so gewählt, dass sie ein ganzzahliges Vielfaches von Seemeilen (1.852 km = nautische Meile nm) ist. So ist der meist angegebene Standardorbit für Träger in 100 nm (185 km) Entfernung von der Erdoberfläche. Die ISS zieht im Endausbau in 220 nm (407 km) Höhe ihre Kreise.

Abbildung 7: Das Neigeprogramm des Space Shuttles ist an den Abgasen der SRB sichtbar

Steuerung von Raketen

An dieser Stelle die Erklärung einiger Fachbegriffe, die im Folgenden verwendet werden. Die Aufgabe, eine Rakete, die senkrecht startet, in eine vorgegebene Bahn (parallel zur Erdoberfläche in einer bestimmten Höhe) umzulenken und das Triebwerk abzuschalten, wenn die vorgegebene Geschwindigkeit und Höhe erreicht ist, kann man in drei Teilaufgaben aufteilen. Die Feststellung der momentanen Position und Geschwindigkeit (**Navigation**), die **Steuerung** der Raketentriebwerke (um die Bahn zu verändern) und die **Lenkung**, welche die Unterschiede zwischen Sollbahn und Istzustand verringert.

Problem Nummer 1 kann auf zwei Arten gelöst werden: Zum einen kann die Rakete diese Daten selbst feststellen. **Beschleunigungsmesser** (je einer pro Raumachse) messen die momentane Beschleunigung. Summiert man diese Daten über die Zeit (wofür zahlreiche Messungen pro Sekunde gemacht werden), erhält man die Geschwindigkeit der Rakete. Summiert man die Geschwindigkeit über die Zeit, so erhält man den zurückgelegten Weg. Damit ist feststellbar, wo sich die Rakete relativ zum Startort befindet und wie schnell sie ist.

Die absolute Lage im Raum (wohin zeigen Längsachse, Querachse und Rollachse?) kann die Rakete durch ein **Inertialsystem** feststellen. Das bestand früher aus **Kreiselplattformen**. Sie besteht aus mehreren Kreiseln, die so aufgehängt sind, dass sie weitgehend reibungsfrei schnell rotieren. Ein Kreisel ist bestrebt, seine Rotationsachse im Raum beizubehalten. Verändert sie sich, weil sich die Rakete neigt, gibt er an die Aufhängung eine Kraft (das Drehmoment) ab. Das ist der sich ändernden Kraft (welche die Rakete neigt) entgegengesetzt. Damit will der Kreisel die Achse wieder parallel zur alten Rotationsachse ausrichten. Dieses Moment kann gemessen werden. Auf diese Weise kann die Position im Raum ermittelt werden. Damit das mit allen drei Raumachsen geht, gibt es drei Kreiselplattformen. Sie sind senkrecht aufeinander, einer in jede Raumachse, ausgerichtet.

Inzwischen wurden die mechanischen Kreisel (im Prinzip sehr massive Metallkreisel, die frei drehbar aufgehängt waren) durch **Ringlaserkreisel** ersetzt: Zwei permanente Laserstrahlen werden entgegengesetzt zueinander entlang einer dreieckigen Route geführt. Wenn der „Kreisel“ um seine Drehachse bewegt wird, verlängert sich die absolute Weglänge eines Laserstrahls, während sich die des anderen verkürzt. Die Phasenverschiebung der einzelnen Laserstrahlen zueinander kann bestimmt und in eine Winkeländerung umgerechnet werden. Sie weisen (anders als mechanische Kreisel) keine Drift durch Reibung auf.

Eine Alternative zur Feststellung der Position über ein Inertialsystem ist, vom Boden aus die Position der Rakete zu vermessen. Dazu sendet eine Radarstation ein Signal zur Rakete und vermisst das zurückgestrahlte Signal. Üblicher ist aber, das die Rakete selbst **Radarimpulse** aussendet. Das Radarsystem kann durch die Dopplerverschiebung des Signals (die Empfangsfrequenz weicht von der bekannten Sendefrequenz ab) und die Laufzeitunterschiede zwischen zwei Impulsen die Geschwindigkeit und die Entfernung von der Antenne messen. Zwei Antennen können die räumliche Position durch Triangulationsberechnung der Daten feststellen.

Mit beiden Methoden kann die Position und Geschwindigkeit im Raum ermittelt werden. Über einen Radar-Verfolgungssender verfügen auch Träger mit Inertialsteuerung. Er erlaubt es, die Bahn der Rakete am Boden zu verfolgen, selbst wenn der Telemetrieempfang gestört ist. Die neueste Methode ist die GPS-Navigation. Die meisten Trägerraketen setzen sie zusätzlich ein, verlassen sich aber nicht ausschließlich auf sie.

Die zweite Aufgabe ist die Steuerung, also die Vorgabe der Flugbahn. Es gibt mehrere Möglichkeiten zur Steuerung. Zum einen kann die Rakete vom Boden aus gesteuert werden, d. h., es werden Befehle zur Rakete gesendet, welche sie steuern. Die **Radiosteuerung** kann unterschiedlich weit gehen. So kann die komplette Steuerung durch eine Bodenstation erfolgen. Es können aber auch nur kritische Befehle übermittelt werden, z. B. für den Brennschluss. Die Bestimmung der Geschwindigkeit durch Radarmessungen ist genauer als das Integrieren von Beschleunigungen an Bord der Rakete. Die Radiosteuerung wird oft bei Trägern mit kurzen Brennzeiten angewandt, bei denen der Brennschluss noch im Empfangsbereich der Sendestation erfolgt. Charakteristisch bei vielen frühen US-Trägern ist, dass die ersten Stufen eine Radiosteuerung einsetzen und nur die letzte Stufe eine Steuerung nach dem Prinzip des geschlossenen Kreislaufs. Oft wurde bei

Trägern, die aus militärischen Raketen entstanden, deren Inertialsteuerung durch diese gemischte Form ersetzt.

Die zweite Steuerungsmöglichkeit ist ein **Sequencer** oder **Autopilot**. Das ist eine Tabelle mit Anweisungen, was wann zu tun ist. Sie ist verbunden mit einer Uhr. Wird ein Zeitpunkt in der Tabelle erreicht, werden die Triebwerke entsprechend der Vorgaben geschwenkt oder der Brennschluss ausgelöst. Die Daten können auf Magnetband, Lochstreifen oder einem Trommelspeicher abgelegt sein. Dieses starre Schema ist völlig unabhängig von der realen Position und Lage im Raum. Es reagiert nicht auf Störungen. Bei vielen Trägerraketen der ersten Generation, wie der Atlas D, wurde ein Autopilot während der Passsage der unteren Atmosphäre (bis etwa 90 s nach dem Start) eingesetzt. Dabei wurde ein Aufstiegsprofil vorgegeben, bei dem die aerodynamischen Belastungen minimal waren.

Die dritte Regelungsmöglichkeit ist die des **offenen Kreislaufs**. Dabei enthält der Computer eine Tabelle von Positionen im Raum bzw. Geschwindigkeiten, die erreicht werden müssen. Der Bordrechner berechnet dann aufgrund der vorliegenden Navigationsdaten die Korrekturen, um diese Wegpunkte zu erreichen.

Die aufwendigste Möglichkeit ist die des **geschlossenen Kreislaufs**. Der Bordcomputer hat auch hier Wegpunkte oder einen Zielpunkt vorgegeben. Aber er kann neue Aufstiegsbahnen errechnen, um auf Störungen zu reagieren. Gravierende Ausfälle, die nicht zum Totalverlust führen, wie der Ausfall eines Triebwerks bei Apollo 13, sind nur mit diesem Prinzip kompensierbar. Denn die alte Vorgabebahn kann durch den geringeren Schub nicht mehr erreicht werden.

Der Aufwand für die Steuerung wird in der Reihenfolge: Radiolenkung, Sequencer, offener Kreislauf, geschlossener Kreislauf immer größer. Mit Ausnahme der Radiolenkung, welche die Berechnung auf die Bodenstation verlagert, kann die Steuerung immer flexibler reagieren. Damit können die Treibstoffreserven, die nötig sind, um Abweichungen abzufangen, gesenkt werden. Ein Computer ist aber nur für den geschlossenen Kreislauf notwendig. Die anderen Steuerungen sind elektromechanisch bzw. durch einen Analogrechner elektronisch umsetzbar. Üblich ist heute, dass eine aktive Steuerung erst einsetzt, wenn die Rakete die dichte Atmosphäre verlassen hat. Denn eine aktive Kompensation bei Seitenwinden in den niedrigen Luftschichten führt zu einer hohen strukturellen Belastung. Der Punkt der maximalen strukturellen Belastung „**Max-Q**“ wird in der unteren Stratosphäre erreicht. Kursänderungen zu diesem Zeitpunkt sind nicht ratsam und können verheerende Folgen haben (Zerstörung der Ariane 5 beim Jungfernflug durch eine abrupte Kursänderung aufgrund eines Softwarefehlers im Steuersystem).

Zuletzt muss es eine Lenkung geben, welche die Steuerungssignale in Bewegungen der Triebwerke umsetzt oder diese abschaltet. Das kann durch einen Computer erfolgen, der berechnet, wie die Triebwerke geschwenkt werden müssen. Es kann auch vom Boden aus erfolgen (**Radiolenkung**). Doch es geht noch viel einfacher. So kann die Steuerung eine Kreiselplattform programmgesteuert neigen. Da sie aus ihrer Rotationsachse herausgedreht wird, gibt sie ein Drehmoment ab, das der neigenden Kraft entgegengesetzt ist. Diese Kraft wird in Stromimpulse umgewandelt, verstärkt und als Signal zum Schwenken der Triebwerke verwendet. Als Folge dreht sich die Rakete gegen die vorgegebene Neigungsrichtung, bis die Kreiselplattform wieder ihre Raumachse eingenommen hat. So wird als Folge die ganze Rakete geneigt. Durch das Abfahren eines Profils kann die vorgegebene Aufstiegsbahn nachgeflogen werden. Das Abschalten der Triebwerke bei Erreichen der Sollgeschwindigkeit kann durch Entladen einer Batterie erfolgen. Die Batterie wurde vorher mit einer Strommenge aufgeladen, welcher der Sollgeschwindigkeit entspricht. Ist sie vollständig entladen, kann die Schaltung nicht mehr den Strom der Beschleunigungsmesser kompensieren. Das löst das Abschalten der Triebwerke aus. So arbeitete bereits die A-4 als Urahn aller heutigen Raketen.

Zahlreiche US-Träger setzten Mischformen dieser Steuerungen ein. Dies soll bei der Thor-Agena beispielhaft gezeigt werden. Die Thor setzte zur Navigation eine Kreiselplattform mit drei Kreiseln (einem je Raumachse) ein. Die Steuerung war ein Programmgeber, der durch einen Lochstreifen gesteuert wurde. Der Lochstreifenleser wurde beim Abheben gestartet und der Programmgeber führte die Kommandos zum richtigen Zeitpunkt aus. Zur Lenkung verschob bzw. neigte sich die Kreiselplattform entsprechend den Vorgaben des Lochstreifenlesers. Damit wurde das Flugprogramm vorgegeben und gleichzeitig auf Abweichungen von der Sollposition reagiert. Die Kreisplattform als Inertialsystem gab Lenkimpulse ab, wenn die wahre Position der Rakete nicht der vorgegebenen Neigungsposition entsprach. Gleichzeitig wurde die Thor von Radarstationen verfolgt. Sie sandte dazu Radarimpulse aus. Die Bahn wurde von einem Computer in der Bodenstation berechnet. Es konnten Korrekturbefehle zur Thor gesendet werden (Veränderungen der Ausrichtung der Kreiselplattform oder direkte Steuerbefehle an die Triebwerke). Der Brennschluss der Thor wurde durch Sensoren ausgelöst, die das Erschöpfen des Treibstoffs maßen. Allerdings war das Radiolenksystem nur zwischen +92 und +146 s nach dem Start aktiv. Vorher war es unmöglich, die Störungen durch die Atmosphäre zeitnah auszugleichen, ohne die Rakete zu gefährden. Danach durfte die räumliche Lage aufgrund des anstehenden Brennschlusses nicht mehr verändert werden.

Nach der Stufentrennung wurde das Steuersystem der Agena aktiv. Sie hatte ein von der Thor unabhängiges System. Es bestand aus zwei Teilen. Zum einen ein Inertialsystem mit drei Kreiselplattformen, Horizontsensoren und einem Geschwindigkeitsmesser in der Längsachse. Zum anderen ein Radiolenksystem. Die Steuerung erfolgte durch einen Timer mit bis zu 22 Ereignissen. Abweichungen von den Vorgaben wurden elektronisch durch Vergleich der Programmvorgaben und der realen Ausrichtung der Kreiselplattform erkannt. Entsprechend wurde das Triebwerk geschwenkt oder Kaltgasdüsen aktiviert. Der Timer aktivierte auch die Retroraketen, führte die Stufentrennung durch, schaltete das Triebwerk ab und zündete es erneut. Mit den Horizontsensoren konnte die Elektronik die Position der Stufe relativ zum Horizont und die Ausrichtung in der Umlaufbahn feststellen.

Dieses System konnte durch die Radiolenkung überstimmt werden. Sie konnte wie bei der Thor die Kreiselplattform ausrichten, damit die Steuerung bei vorliegenden Abweichungen die richtigen Kompensationen durchführte. Im Normalfall war die Radiolenkung nur das Backupsystem. Es gab lediglich eine Ausnahme: Das Signal für den Brennschluss wurde fast immer über die Radiolenkung gegeben. Hier war die Steuerung der Agena das Backupsystem. Deswegen war dort eine etwas höhere Geschwindigkeit als Sollvorgabe eingetragen. Die Radiolenkung wurde lange Zeit bevorzugt, weil die Computer in den Bodenstationen viel leistungsfähiger als die Computer der Träger waren. Sie konnten den Brennschluss genauer bestimmen und waren bei Störungen fähig, eine Alternativbahn zu berechnen. Damit konnte man die Mission retten, wenn es Probleme gab. Die NASA setzte anfangs IBM 7090 Computer ein, die 229.000 Instruktionen/s ausführen konnten. Sie wurden auch für die Missionskontrolle bei Mercury und Gemini verwendet.

Die Centaur-Oberstufe und die Saturn-Trägerraketen hatten erstmals Bordcomputer. Sie wurden nicht von außen beeinflusst. Die Radiosteuerung wurde trotzdem noch lange Zeit eingesetzt, wenn die Brenndauer entsprechend kurz war. So setzte die Titan 34D noch in den späten achtziger Jahren eine Radiolenkung bei Starts von Vandenberg aus ein (keine dritte Stufe, maximale Brenndauer 500 s). Bei den geostationären Missionen, bei denen die zweite Zündung über dem Äquator vor der Küste Afrikas erfolgte, wurde eine Steuerung nach dem Prinzip des geschlossenen Kreislaufs mit einem Inertialsystem eingesetzt.

Eine Sonderrolle nehmen die Trägerraketen mit Oberstufen ein, die feste Treibstoffe nutzten. Bei diesen Stufen ist der Gesamtimpuls (das Produkt aus Masse und Geschwindigkeitsänderung) konstant und durch die Füllung mit Treibstoff festgelegt. Daher ist es die Aufgabe der unteren Stufen mit flüssigen Treibstoffen und abschaltbaren Triebwerken, Feststoffstufen an einem bestimmten Punkt der Bahn abzusetzen. Dabei sind Geschwindigkeit und Höhe vorgegeben. Die letzte Stufe mit flüssigen Treibstoffen verfügt über Reserven, um diesen Punkt in jedem Fall zu erreichen. Nur dieser Teil der Bahn kann aktiv beeinflusst werden. Die Oberstufe mit dem festen Treibsatz wird vor der Zündung korrekt im Raum ausgerichtet und in eine rasche Rotation (zur Stabilisierung der Längsachse im Raum) versetzt. Bei der Scout, die nur feste Stufen einsetzte, war es nur möglich, durch Sekundärinjektion den Schubvektor zu beeinflussen. Ein Brennschluss, wenn die Zielbahn erreicht war, war nicht möglich. Daher wies die Scout große Abweichungen von den Sollparametern der Bahn auf. Bei neueren Trägern kann man in der Steuerungssektion kleine Triebwerke einzubauen, die Hydrazin katalytisch zersetzen. Damit lassen sich die systembedingten Ungenauigkeiten bei Feststoffstufen kompensieren. Dies wird bei der Pegasus und Athena als Option angeboten. Die Vega hat für diesen Zweck einen eigenen Antrieb.

Die Aufstiegsbahn einer Rakete

Entgegen einem verbreiteten Fehlurteil braucht man keinen Computer, um die Aufstiegsbahn einer Rakete zu kontrollieren. Das war in den ersten Jahren der Raumfahrt technisch auch nicht möglich. Die Aufstiegsbahn der meisten Raketen zerfällt in drei Abschnitte:

- Rollprogramm: Meist direkt nach dem Abheben initiiert. Dreht die Rakete in den Startazimut, also die Richtung relativ zu Osten. Auch wenn die Rakete oft rotationssymmetrisch ist, müssen Antennen an der Außenseite (zur Kommunikation und die Bahnverfolgungssender) zur Bodenstation ausgerichtet sein.

- Neigeprogramm: Wird kurz danach initiiert. Verändert den Winkel zur Vertikalen, meist um eine konstante Abnahme, bis die Rakete fast parallel zum Horizont fliegt.

- Flug in kleinem Winkel zur Erdoberfläche: Die Rakete beschleunigt weiter, bis die Orbitalgeschwindigkeit erreicht ist. Eine kleine vertikale Komponente ist immer gegeben, da auch die spätere Orbithöhe erreicht werden muss.

Für die Lagekorrektur muss der Schubvektor veränderbar sein. Bei einem Triebwerk geht dies nur in Nick- und Gierachse. Dann sind Verniertriebwerke zur Veränderung der Rollachse nötig. Bei zwei oder mehr Triebwerken sind diese nicht nötig. Es geht immer komplexer. So kann es mehrere Neigeprogramme mit unterschiedlichen Winkelgeschwindigkeiten geben. Die letzte Stufe muss die Nutzlast in Orbithöhe beschleunigen, damit der erdnächste Punkt nicht in der unteren Atmosphäre liegt. Dafür sind bei kurzen Brenndauern (Feststofftriebwerke, aber auch frühe Trägerraketen wie die Thor-Agena A) Freiflugphasen vorgesehen. Darunter versteht man eine kurze Pause zwischen dem Ausbrennen einer und der Zündung der nächsten Stufe. In dieser Zeit gewinnt die Kombination an Höhe, verliert aber durch die Erdanziehung an Geschwindigkeit.

Trägerraketen der USA – eine Übersicht

In fünf Dekaden haben die USA über Hundert verschiedene Trägerversionen eingesetzt. Trotz deutlich mehr Starts hat Russland dreimal weniger Subversionen entwickelte. Wie kommt diese Vielfalt zustande? Nun, es gibt mehrere Gründe. Zum einen wurde bei vielen Trägern die Leistung laufend gesteigert, indem Stufen neue Triebwerke erhielten oder verlängert wurden. Außerdem wurden neue Stufen oder Booster eingeführt. Das Paradebeispiel ist die Thor-Delta Linie, die von 114 auf 6.044 kg Nutzlast gesteigert wurde. Das ist eine Steigerung um den Faktor fünfzig! Viele Versionen wurden nur kurz eingesetzt. Vor allem die ersten zehn bis fünfzehn Jahre jedes Trägers waren von zahlreichen Erweiterungen geprägt.

Ein zweiter Grund ist, dass die NASA und das US-Verteidigungsministerium lange Zeit unterschiedliche Linien betrieben. Die militärische Version der Thor behielt den Namen, während die zivile Version zuerst „Thor Delta" und später nur noch „Delta" bezeichnet wurde. Auch wurden unterschiedliche Oberstufen eingesetzt: Die Agena-Oberstufe wurde vornehmlich für militärische Starts eingesetzt, die Delta Oberstufe nur für zivile.

Die Titan wurde lange Zeit fast ausschließlich militärisch eingesetzt. Die NASA nutzte die Titan II für das Gemini Programm, während die USAF die Titan III eingesetzte. Lediglich acht NASA-Nutzlasten wurden mit Titan III befördert: der experimentelle Kommunikationssatellit ATS-6 (zu schwer für eine Atlas Centaur) und sechs Raumsonden (dazu ein Gewichtsmodel) mit der Titan IIIE. Die Air Force nutzte diese Version der Titan III nicht und entwickelte dafür die Titan 4.

Auch bei der Atlas findet sich diese Zweiteilung: die Atlas Agena für den militärischen Einsatz und die Atlas Centaur für den zivilen. Nur bevor die von der NASA entwickelte Centaur-Oberstufe zur Verfügung stand, setzte auch die Raumfahrtbehörde die Atlas-Agena ein. Aufgrund des Betriebs von zwei Linien gibt es zwangsläufig mehr Versionen als nötig. So waren Titan 34B und Atlas Centaur in ihrer Nutzlast vergleichbar.

Lange Zeit gab es vier wesentliche Linien:

- Die Scout für kleine Forschungssatelliten, eine preiswerte Trägerrakete, nur mit festen Treibstoffen angetrieben.

- Die Thor war ausreichend für kleine Kommunikationssatelliten, Forschungssatelliten und Aufklärungssatelliten der ersten Generation. Sie absolvierte die meisten Starts und galt als „Arbeitspferd“ der NASA.

- Die Atlas wurde von der NASA für den Start schwerer Forschungssatelliten und Raumsonden genutzt. Die USAF startete damit Aufklärungssatelliten der zweiten Generation und militärische Nutzlasten in höhere Umlaufbahnen.

- Die Titan kam ohne Booster für Aufklärungssatelliten der dritten Generation zum Einsatz. Mit Boostern wurde sie für Aufklärungssatelliten der vierten Generation sowie zum Start militärischer Kommunikationssatelliten genutzt.

- Dazu kam noch die Saturn Familie, die für bemannte Missionen in den Erdorbit und zum Mond konzipiert wurde. Für „ordinäre“ Satellitenstarts war sie aufgrund des hohen Sicherheitsstandards zu teuer. Dafür ist sie bis heute die einzige Familie, die keinen Fehlstart absolvierte.

Ab Anfang der neunziger Jahre kamen neue Typen auf den Markt. Das war das Resultat der Privatisierung der Starts, die bisher von NASA/USAF durchgeführt wurden. Die Blüte hatte auch mit der Politik der NASA zu tun, die sich unter Goldin von komplexen und schweren Satelliten abwandte, hin zu kleineren, preiswerteren Typen. Mit dem Ausscheiden Goldins änderte sich die Politik der NASA wieder und die Nachfrage sank erneut ab. So haben die meisten dieser Typen nur wenige Starts absolviert.

Bis heute gibt es eine Trennung der militärischen und zivilen Raumfahrt. Die unterschiedlichen gesetzlichen Rahmenbedingungen und Anforderungen ergeben unvermeidliche Reibungsverluste. So kann die USAF, die heute alle militärischen Starts durchführt, die Minotaur nutzen. Die NASA benötigt dafür eine Ausnahmegenehmigung, da sie nach dem Commercial Space Act verpflichtet ist, kommerziell verfügbare Träger einzusetzen. Da die Minotaur durch Umbau einer ICBM entstand, fällt sie nicht darunter. Immerhin ist es nur eine Waffengattung, welche die Starts für das gesamte Militär, NASA und das NRO durchführt. Bis 1964 startete mit Ausnahme der Marine jede Waffengattung ihre eigenen Satelliten auf eigenen Trägern und eigenen Startplätzen. Seit dem Ende des Apolloprogramms verfügt die militärische Raumfahrt über erheblich mehr Mittel als die zivile Raumfahrt. Im Jahre 2006 betrug das Budget der NASA 17 Milliarden Dollar, das der militärischen Raumfahrt 30 Milliarden Dollar.

Auch wie Trägerraketen bestellt oder entwickelt werden, hat sich in den letzten fünfzig Jahren stark verändert. Mit dem Sputnikschock war praktisch das Wettrennen in den Weltraum eröffnet. Vorher gab es nur die Absicht, einen kleinen wissenschaftlichen Satelliten zu starten. Doch nun nahmen die Startzahlen von Jahr zu Jahr zu und es wurden immer neue Anwendungen erprobt. 1959 wurden die ersten militärischen Fotoaufklärer, Raumsonden und experimentelle Kommunikationssatelliten gestartet. 1960 folgten experimentelle Frühwarnsatelliten und der erste Wettersatellit. 1961 startete die erste Ranger Mondsonde und der erste bemannte Mercury „Hopser“ fand statt. Diese Reihe kann man für die folgenden Jahre beliebig fortsetzen. Das korrespondierte mit einer entsprechend schnellen Entwicklung der Technologie. Anfangs nahm man alles, was einen Satelliten starten konnte – Mittelstreckenraketen oder die Atlas-ICBM. Man setzte die Stufen auf die Raketen, die man hatte, egal woher sie stammten. Die Able Stufe, die von einer Höhenforschungsrakete abstammte, wurde zuerst auf der Vanguard, dann auf der Thor und zuletzt auf der Atlas eingesetzt. Die Raketen wurden aus der laufenden Produktion entnommen und umgebaut.

Ab Anfang der Sechziger Jahre zog eine Systematik ein. Noch immer wechselten Versionen bei Thor und Atlas in kurzen Zeiträumen. Aber nun ging man zu einem System über, das mehr Flexibilität versprach. Atlas und Thor wurden „standardisiert“. Ein und dieselbe Trägerrakete konnte nun mit einer Agena Oberstufe militärisch oder mit einer Centaur zivil eingesetzt werden. Es gab keine speziellen „NASA-Anpassungen“ oder spezielle „USAF-Anpassungen“ mehr. Gleichzeitig entwickelte man vorhandene Stufen weiter oder schuf neue Stufen für ein flexibles System. Die Agena D bestand schließlich aus einzelnen Baugruppen, mit denen man die Stufe anpassen konnte. So konnte sie einerseits eine Zündung für einen militärischen Start in den erdnahen Orbit durchführen, andererseits konnte sie als Gemini-Zielflugkörper auch 15-mal über mehrere Tage hinweg gezündet werden. Die Centaur, Transtage und die Booster der Titan wurden entwickelt. Die Titan konnte mit zwei Kernstufen, zwei optionalen Oberstufen und den optionalen Boostern zwischen 3.800 kg bis 11.000 kg in einen LEO-Orbit transportieren. Außerdem konnte sie den GEO-Orbit direkt erreichen. Die Standardisierung führte zur Bezeichnung der Träger als „SLV“ für **S**tandard **L**aunch **V**ehicle:

- SLV-1: Scout Serie
- SLV-2: Thor Linie
- SLV-3: Atlas Linie
- SLV-4: Titan II
- SLV-5: Titan III

Die Weiterentwicklung der Träger gingen von der NASA und dem DoD aus. Auffällig ist, dass die militärischen Versionen länger unverändert einsetzt wurden. Zu den Aufträgen durch die beiden US-Behörden kamen noch Aufträge von Drittstaaten und kommerzielle Starts von Kommunikationssatelliten. Diese waren lange Zeit kein Problem. Die NASA startete die ausländischen Nutzlasten gegen Kostenerstattung. Die NASA übertrug den Start der Air Force, welche sowohl Vandenberg wie auch Cape Canaveral betrieb. Die einzigen Startplätze der NASA sind das Kennedy Space Center und Wallops Island. Mitte der siebziger Jahre hörte das auf, als Deutschland und Frankreich eigene Kommunikationssatelliten entwickelten, anstatt Kanäle von Intelsat (eine internationale Organisation, damals vorwiegend in US-Besitz) anzumieten.

Dies führte letztendlich zur Entwicklung der Ariane. Deren Entwicklung wurde nicht als bedrohlich angesehen, sollte doch bald das Space Shuttle die Satelliten viel billiger starten. Anfangs sah es auch gut aus, von Jahr zu Jahr fanden mehr Starts statt. 1985 waren es neun Starts des Shuttles, obwohl der letzte Orbiter erst im Oktober 1985 seinen Jungfernflug absolvierte. Die NASA ließ die Produktion von Trägerraketen auslaufen. Weiterentwicklungen gab es keine mehr, weil sich dies wegen der wenigen Starts nicht lohnte. Doch als die Challenger am 28.1.1986 beim Start explodierte, änderte sich alles. In der Folge veränderte sich die Politik. Zuerst gab es den Beschluss, nur noch wissenschaftliche Nutzlasten mit dem Shuttle zu starten, die nicht mit einer Trägerrakete transportiert werden konnten. Kommerzielle Transporte mit dem Raumgleiter wurden ganz verboten. Als zweite Maßnahme wurde der Start privatisiert. Die USAF sollte nur noch Startservices „vermieten“. Die NASA zog sich aus der Weiterentwicklung zurück, vergab aber Aufträge für Starts, um damit Weiterentwicklungen abzusichern. Die Air Force bezahlte nach wie vor für die Entwicklung neuer Systeme, wie der Pegasus oder der Titan 4. Bis jedoch die neuen Versionen (Atlas 2, Delta 2, später Delta 3 und Titan 4) zur Verfügung standen, vergingen einige Jahre.

Trotzdem konnten die US-Anbieter die Position nicht zurückerobern, die sie von 1986 bis 1990 an Arianespace verloren. Als die russischen Träger auf dem Markt erschienen, zogen sich die US-Unternehmen Anfang des neuen Jahrtausends vom Markt zurück. Hinderlich war auch der Personalaufwand der Luftwaffe für die Startvorbereitung. Eine Studie, die Arianespace und die Luftwaffe bei den Startvorbereitungen verglich, kam zu dem Ergebnis, das Arianespace die wesentlich größere und komplexere Ariane 4 in 20 Arbeitstagen mit 100 Personen zusammenbauen und starten konnte, während bei der Delta 2 die doppelte Anzahl an Personen 30 Arbeitstage benötigten. Vor allem waren kommerzielle Starts den regierungseigenen nicht gleichgestellt. Auch dies wurde von Lockheed und Boeing bemängelt. Steht ein Regierungsstart an, so waren ganze Zeitblöcke belegt. Es könnte ja zu Verzögerungen kommen oder der Start findet erst beim zweiten oder dritten Versuch statt. Während dieser Zeit müssen kommerzielle Kunden warten. Dieses Problem ist immer noch aktuell. Deswegen suchen die neuen Raumfahrt-Startups nach Spaceports, die weniger stark regelorientiert sind.

Die beiden aus dem EELV-Programm entstandenen Träger Delta 4 und Atlas V konnten die Position der US-Industrie bei kommerziellen Transportern nicht stärken. Doch ohne diese Aufträge ging die Preiskalkulation nicht auf und die Startpreise stiegen an. Kontraproduktiv ist auch, dass das Militär beide Linien in Betrieb hält, obwohl eigentlich ein Träger für die wenigen Starts pro Jahr ausreicht. Der erste Träger, der in den letzten 15 Jahren kommerziell erfolgreich war, ist die neue Falcon 9 von SpaceX. Seitdem drängen zahlreiche neue US-Firmen auf den Markt. Die meisten haben aber nur Träger für leichte Nutzlasten entwickelt.

Dabei fehlt es an echten Neuentwicklungen. Die Antares und Atlas V werden von russischen Triebwerken angetrieben. Selbst für die neue Schwerlastrakete SLS werden bestehende Triebwerke und die Shuttle SRB eingesetzt. Seit 1970 wurden in den USA nur drei größere Triebwerke neu entwickelt: das SSME, das RS-68 (Haupttriebwerk der Delta 4) und das Merlin von SpaceX. Mit der Ukrainekrise hat sich die Einschätzung geändert. NASA und DoD haben 2014/15 Aufträge für die Entwicklung neuer Triebwerke vergeben, sie sollen zu einer Unabhängigkeit von Russland führen. Weitere Triebwerke und Träger werden von neuen Raketenfirmen gebaut. Doch diese scheitern bei den ersten Flügen oft und müssen sich erst einen Markt erobern.

Familie	Starts	Erfolge	Erfolg prozentual	Einsatzzeitraum
Antares	17	16	94,12	2013 – 2022
Astra	7	2	28,57	2020 – 2022
Athena	7	5	71,43	1995 – 2001
Atlas	311	285	91,64	1958 – 2004
Atlas III/V	97	97	100,00	2002 – 2022
Conestoga	1	0	0,00	1995 – 1995
Delta IV	43	43	100,00	2002 – 2022
Electron	9	9	100,00	2018 – 2021
Falcon	166	162	97,59	2006 – 2023
FireFly Alpha	2	1	50,00	2021 – 2022
Juno	12	7	58,33	1958 – 1961
Launcher One	6	4	66,67	2020 – 2023
Minotaur	19	19	100,00	2000 – 2021
NOTS	3	0	0,00	1958 – 1958
Pegasus	43	41	95,35	1990 – 2021
Saturn	25	25	100,00	1964 – 1975
Scout	99	88	88,89	1960 – 1994
Space Shuttle	135	134	99,26	1981 – 2011
Super Strypie	1	0	0,00	2015 – 2015
Taurus	9	6	66,67	1994 – 2011
Thor-Delta	567	531	93,65	1958 – 2018
Titan	219	206	94,06	1964 – 2005
Vanguard	8	3	37,50	1957 – 1959
Gesamt	1887	1766	93,59	1957 - 2023

Weltraumbahnhöfe

Die USA betreiben zwei große und einige kleine Weltraumzentren. Die größten und bekanntesten sind die Vandenberg Air Force Base (VAFB) und das Kennedy Space Center (KSC) in Cape Canaveral. Der älteste Weltraumbahnhof ist die Cape Canaveral Air Force Station (**CCAF**), von ihr aus fand schon 1950 der erste Start einer A-4 statt.

Die „Eastern Test Range", wie CCAF auch genannt wird, ist ein von der Air Force betriebenes Gelände. Auf einer Halbinsel reihen sich 32 Startkomplexe (teilweise mit mehreren Startrampen) LC1 bis LC47 aneinander. Die Nummerierung ist dabei nicht durchgehend. Nordwestlich davon befindet sich das Kennedy Space Center (**KSC**), das nur den Startkomplex 39 betreibt. Das KSC ist eine NASA-Einrichtung. Von dort aus finden seit Apollo 8 alle bemannten Missionen der NASA statt.

Die meisten Startrampen der CCAF dienten der Erprobung von militärischen Trägern oder für den Start von Höhenforschungsraketen. Folgende Startanlagen (**L**aunch **C**omplex, **LC**) wurden für Orbitalmissionen genutzt:

- LC5: Suborbitale Starts der Mercury-Redstone, heute inaktiv
- LC11: Atlas ICBM Testgelände. Der einzige Orbitaleinsatz von LC11 aus war der Start von SCORE auf einer Atlas B ICBM. 1967 deaktiviert.
- LC12 bis 14: Ursprünglich Atlas ICBM Startkomplexe, später für Atlas Agena Starts genutzt. Von LC14 starteten alle bemannten Atlas Mercury. Der Komplex wurde 1967 deaktiviert. 2015 wurde LC13 die erste Landezone von SpaceX auf dem Festland.
- LC17: Mit zwei Rampen (17A/17B) war LC17 der am längsten genutzte Startplatz der USA. Gebaut für Tests der Mittelstreckenrakete Thor fanden von LC17 alle Delta Starts statt, wobei der Besitz zwischen der USAF zur NASA und wieder zurück zur USAF wechselte. Eine Rampe wurde für die Delta 3

umgebaut. Nach dem Auslaufen der Delta 2 Produktion wurden die Startrampen deaktiviert.

- LC18: Von zwei Rampen startete die Vanguard als erste US-Trägerrakete. Später folgten die Blue Scout und Blue Scout Junior als Höhenforschungsraketen.

- LC19: Eine Startanlage für Tests der Titan I+II ICBM. LC19 wurde 1964 für die Starts der Gemini-Titan umgebaut. Von LC19 starteten alle Gemini Missionen. Seit 1967 ist die Rampe deaktiviert.

- LC20: Eine Titan I Startrampe. Sie wurde zwischenzeitlich für den Start der Titan 3A modifiziert. Seitdem fanden nur Starts von Höhenforschungsraketen statt. Sie ist heute noch aktiv.

- LC26: Startrampe der Jupiter-C. Von hier aus starteten die Juno I und II, also der erste erfolgreiche US-Satellit und die erste US-Raumsonde, welche die Erde verließ.

- LC34: Saturn I / Saturn IB Startanlage. Auf dieser Rampe brannte Apollo 1 bei einem Feuer aus. Der erste Start fand 1961 statt. Letzter Start war Apollo 7 im Jahr 1968.

- LC36: Zwei Startanlagen, die für die Atlas Centaur Anfang der sechziger Jahre errichtet wurden. Sie wurden später von der USAF an Lockheed Martin lizenziert. Nach dem letzten Start einer Atlas III wurden die Anlagen im Jahre 2006 gesprengt.

- LC37: Saturn I und Saturn IB Startanlage mit zwei Rampen. Der letzte Start war die Mission von Apollo 5. 1972 wurde sie eingemottet. Die Rampe 37B wurde 2002 reaktiviert und in einen Startplatz der Delta IV umgebaut. Sie ist heute noch aktiv.

- LC40: Eine für die Titan 3 errichtete Startanlage. Von hier aus starteten die Titan 3C, 34D und 4A/B in eine Umlaufbahn. Nach der letzten Titan 4 Mission wurde das Gelände an SpaceX vermietet. Seit 2010 finden von hier aus Starts der Falcon 9 statt.

- LC41: Die zweite Titan 3 Startanlage wurde für die Starts der Titan 3E, dem einzigen zivilen Modell der Titan 3 Serie, verwendet. Derzeit wird sie als Startrampe für die Atlas V genutzt. Zwischenzeitlich wurde sie durch einen Crew Access Tower ergänzt. Sie wird aktuell für die Vulcan umgebaut.

- LC46: Ein ehemaliger Trident Teststand wurde für den Start der Athena I+II genutzt. Der letzte Start dieses Modells erfolgte bereits 1999, die Anlage ist aber noch aktiv und gehört zum kommerziellen Teil des Weltraumzentrums (Spaceport Florida).

LC39 gehört zum Kennedy Space Center. Von den Startrampen 39A und 39B startete die Saturn V und das Space Shuttle. Geplant war eine weitere Nutzung für die Ares. Das Kennedy Space Center wurde als ziviler Weltraumbahnhof während des Apolloprogramms aufgebaut. Ursprünglich lautete die Bezeichnung „Merrit Island Launch Area“. Nach dem Tod von Kennedy wurde es nach dem Präsidenten benannt, der das Apolloprogramm initiierte. Das Gelände umfasst die Halbinsel Merrit Island von 55 km Länge und 10 km maximaler Breite und hat eine Gesamtfläche von 567 km², davon 350 km² Land. Die für Apollo errichteten Anlagen, wie das VAFB und die Starttürme, zählen zu den Besucherattraktionen des KSC. Vom KSC aus fanden 152 Starts statt. Seit 2014 ist LC39A von SpaceX gemietet, das seine Falcon Heavy und die Dragon von dem Startkomplex startet. LC39B ist die Startrampe der neuen Mondrakete SLS.

Heute sind noch folgende Startrampen aktiv: LC37B für die Delta IV, LC39A für die Falcon / Falcon Heavy, LC39B für die SLS, LC40 für die Falcon 9 und LC41 für die Atlas V.

Einschränkungen von CCAF und KSC gibt es durch die Geografie. Die Starts nach Norden sind begrenzt durch die ostamerikanische Küste mit ihren Großstädten. Bei Starts nach Süden werden Kuba und die Karibik überflogen. Aus Sicherheitsgründen darf die Aufstiegsbahn nicht über bewohntes Gebiet verlaufen. Daher sind vom

„Cape“ aus nur Bahnen mit einer Inklination von 28 bis 56 Grad zum Äquator möglich. Das CCAF ist der südlichste Weltraumbahnhof der USA. Alle Missionen in den GTO-Orbit werden vom CCAF gestartet. Daher ist Cape Canaveral der kommerziell wichtigste Weltraumbahnhof der USA.

Das zweite Startgelände der USA, die Vandenberg Air Force Base (**VAFB**), erlaubt auch Starts in polare Bahnen. Vandenberg umfasst auch den Startplatz Port Arguello (43 Starts), der von 1960 bis 1964 ein eigenständiges Startgelände der US-Navy war. Es liegt südöstlich der Luftwaffenbasis. Die VAFB liegt an der kalifornischen Küste. Starts erfolgen nach Süden in polare oder sonnensynchrone Umlaufbahnen. Daher starteten alle Erdbeobachtungssatelliten und Fotoaufklärer vom VAFB aus. Die vielen Starts kurzlebiger Aufklärungssatelliten führten dazu, dass Vandenberg fast so frequentiert ist wie CCAF. In den Sechziger Jahren gab es durch militärische Starts mehr Missionen, die von Vandenberg aus starteten als vom Cape. Von Vandenberg aus starten alle Missionen mit Bahnneigungen von 56 bis maximal 104 Grad. Die VAFB wurde 1958 als Startplatz für Satellitenmissionen eingeweiht. Es gibt rund 50 Startrampen. Die meisten werden für Testflüge von militärischen Typen genutzt. Von Bedeutung für Orbitalmissionen sind folgende Startkomplexe: (**S**pace **L**aunch **C**omplex, SLC, gesprochen „Slick“).

- SLC1: Der erste Startkomplex mit zwei Starttürmen. Er wurde für Thor Agena Starts von 1959 bis 1971 genutzt. Das westliche Pad wurde 1968 eingemottet, vom östlichen Turm aus startete 1971 die letzte Thor Agena.

- SLC2: Die zwei Startrampen wurden für Thor Able, Thor Ablestar, Thor Agena und Delta Starts von 1961 bis 1972 eingesetzt. Die westliche Rampe wurde bis vor wenigen Jahren für die Delta II genutzt.

- SLC3: Ebenfalls zwei Startrampen wurden für die Atlas Agena und Atlas mit festen Oberstufen genutzt. SLC3E, die ältere der beiden Rampen (1960 eingeweiht) wurde nach dem Flug der letzten Atlas E deaktiviert. SLC3W wurde zuerst als Thor Agena Startplatz eröffnet. Von 1966 bis 1972 wurden von SLC3W vor allem KH-4 Aufklärungssatelliten gestartet. Danach wurde sie umgebaut. Ab 1974 fanden von hier Starts der Atlas E/F statt. Danach folgten Atlas H und Atlas II. Heute wird die Rampe von der Atlas V genutzt.

- SLC4: Die beiden Startrampen wurden für Starts der Atlas Agena D gebaut. Die westliche Startrampe wurde von 1963 bis 1965 für Starts der KH-7 Aufklärungssatelliten genutzt. Ab 1966 wurde die Rampe für die Titan 3B und danach für die Titan 23G eingesetzt. Der letzte Start erfolgte im Jahre 2002. Die östliche Rampe wurde 1964 eingeweiht und später für Starts der Titan 3D und Titan 4 genutzt. Seit 2013 nutzt die Falcon 9 die Startrampe 4 West.

- SLC5 wurde von 1962 bis 1994 für Starts der Scout genutzt.

- SLC6 wurde für die Titan 3 errichtet, jedoch nie genutzt. In den achtziger Jahren wurde sie für 4 Milliarden Dollar für militärische Space Shuttle Einsätze umgebaut. Vor dem ersten Start explodierte die Challenger und das Militär stieg aus dem Shuttleprogramm aus. In den neunziger Jahren war SLC6 Startplatz für die Athena I+II. Derzeit wird die Rampe für die Delta IV genutzt.

- SLC8: Diese Startrampe wurde im Jahre 2000 für Starts der Minotaur errichtet. Seitdem wird sie für Missionen der Minotaur I und IV genutzt.

- SLC10: Diese Rampe wurde für Trainingszwecke errichtet. Danach erfolgten von ihr aus Erprobungsflüge der Thor Mittelstreckenrakete. Später wurde sie für den Start der DMSP-Wettersatelliten auf ausgemusterten Thor mit Feststoffantrieben als Oberstufe genutzt.

- Area 576: Ist ein ehemaliger Atlas ICBM Standort. Die Startrampen der Atlas wurden danach teilweise für die Starts von Atlas E/F mit festen Oberstufen genutzt. Die Rampe 576-E wird heute für Einsätze der Taurus verwendet.

Der drittälteste Weltraumbahnhof der USA ist **W**allops **I**sland (**WI**). Das zivile, vom Goddard Space Center betriebene, Gelände wird vor allem zum Start von Höhenforschungsraketen genutzt. Aber auch kleinere Trägerraketen nutzen es. Wallops Island war auch Notlandeplatz für das Space Shuttle. Von hier aus fanden die Tests der Little Joe zur Erprobung des Fluchtturms des Mercuryraumschiffs statt. Von einer Landebahn aus starten die Trägerflugzeuge der Pegasus, die dann über dem Atlantik ausgeklinkt wird. Wallops Islands lässt Starts mit Bahnneigungen von 37 bis 70 Grad zu. Der erste Start von Wallops Island fand 1960 statt. Gemessen am CCAF und VAFB ist es ein kleines Startzentrum. Nach 2006 wurden einige Pads für kommerzielle Starts gebaut. Dieser Teil von Wallops hat den Namen Mid-Atlantic Regional Spaceport (MARS).

- Launch Area 0 mit zwei Startrampen wurde für die Conestoga gebaut. Eine Rampe wird heute für Starts der Minotaur genutzt. Die Zweite wird seit 2011 für die Antares Starts eingesetzt. Sie ist die bisher mit Abstand größte Trägerrakete, die jemals von Wallops Island aus startete.

- Von der Launch Area 3 aus wurden viele Scout Missionen gestartet.

- Der Rocket Lab Launch Complex-2 wird ab 2023 für Starts der Elektron genutzt. Diese kleine, kommerzielle Rakete einer US-Firma startet bisher von Neuseeland aus.

Genauso alt, aber inzwischen mit der Vandenberg Air Force Base verschmolzen, ist **P**ort **A**rguello (**PA**). Der Startplatz der US Navy war von 1960 bis 1965 eigenständig. Von ihm wurden die Atlas Agena A-D, Thor Agena D und Scout-X gestartet. Dazu kamen Launchpads für Höhenforschungsraketen. 1964 wurde das Gelände in die Vandenberg Air Force Base eingegliedert. Der Startplatz LC-1 mit zwei Rampen wurde zum SLC-3 Komplex, LC-2 mit ebenfalls zwei Rampen zum SLC-4 Komplex und LC-D, ein Höhenforschungsraketenstartplatz, der für Starts der Scout genutzt wurde, erhielt die neue Bezeichnung SLC-5. 43 Starts fanden von PA aus statt.

Der **K**odiak **L**aunch **C**omplex (**KLC**) ist ein kommerzieller Startplatz auf der Kodiak-Insel vor der Küste Alaskas. Bisher entfielen die meisten Starts auf militärische Tests der Ballistic Missile Defense Organization, die Systeme für einen Raketenschutzschild testet. Es gab bisher vom KLC aus drei Starts in eine Umlaufbahn: den einer Athena I im Jahre 2001 und zwei Minotaur IV seit 2010. Durch die nördliche Lage der Insel sind nur hohe Inklinationen von 60 bis 120 Grad möglich.

Auf Omelek, einer der Marshall-Inseln im Pazifik, befindet sich die **K**wajalein **M**issile **R**ange (**KMR**), ein Raketentestplatz des US-Militärs. Dort fanden suborbitale Tests von ICBM und anderen Trägern statt. Nachdem 1996 die letzte militärische Rakete abhob, kaufte die Firma SpaceX die Insel. Sie startete von dort aus zwischen 2005 – 2009 fünfmal die Falcon 1 Trägerrakete. Das nur 9 Grad nördlich des Äquators gelegene Gebiet wäre ideal für Starts in den geostationären Orbit. Bedingt durch die Position mitten im Pazifik sind aber alle Bahnneigungen erreichbar. Es wäre der ideale Startplatz. Leider ist die Insel sehr klein. Das Archipel hat nur eine Fläche von 32.000 m². Es fehlt an Platz, um die für größere Träger benötigte Infrastruktur zu errichteten. Mit dem Streichen der Falcon 1e sind keine weiteren Starts von KMR aus geplant. SpaceX baut derzeit bei Brownsville in Texas einen weiteren Startplatz an der Grenze zu Mexiko. Ausschlag gegenüber geografisch besser gelegenen Gebieten waren die Subventionen durch den Landkreis.

8. Abbildung: Die „Missile Row“ in den sechziger Jahren

Frühe US Trägerraketen

Die Juno I+II und Vanguard waren die ersten US-Trägerraketen. Sehr bald wurden sie von leistungsfähigeren Modellen und der günstigeren Scout abgelöst.

Die Vanguard war die technisch anspruchsvollste Rakete dieses Trios. Auch wenn sie schon 1961 ausgemustert wurde, blieben ihre Oberstufen Able und Altair noch über Jahre hinweg auf der Thor, Atlas und Scout im Einsatz. Sie blieb lange Zeit die einzige Trägerrakete ohne militärische Wurzeln.

Der erste US-Satellit gelangte mit einer Juno I in die Umlaufbahn. Die Juno war eine Redstone Mittelstreckenrakete, die mit kleinen Feststoffoberstufen zum Satellitenträger umgerüstet wurde. Die Redstone war die erste Rakete, die von Brauns Team für die NASA entwickelte. Sie basierte noch weitgehend auf der Technologie der A-4. So verwendete die erste Version denselben Treibstoff und einen Gasgenerator auf Basis von katalytisch zersetztem Wasserstoffperoxid. Verbessert wurde die Tankkonstruktion, wodurch die Rakete eine geringere Leermasse aufwies. Die Redstone wurde während ihrer Entwicklung von 1951 bis 1955 schrittweise verbessert und auf eine neue Treibstoffkombination umgestellt.

Zu Beginn des Mercury-Programms war sie als Satellitenträger bereits ausgemustert. Doch durch das intensive Testprogramm war sie der zuverlässigste verfügbare Träger. So wurde die Redstone folgerichtig für die ersten suborbitalen Tests des Mercury Raumschiffs eingesetzt.

Militärisch war die Redstone noch bedeutungsloser als die von Wernher von Braun im Auftrag der Army entwickelte Nachfolgerin „Jupiter“. Nur wenige Jupiter wurden in der BRD, der Türkei und in England stationiert. Die Juno II basierte auf der Jupiter Mittelstreckenrakete. Die Oberstufen waren dieselben wie bei der Juno I, wodurch die Nutzlast relativ klein war.

Zum gleichen Zeitpunkt versuchte die US-Navy, einen extrem leichten Satelliten mit einer von einem Kampfflugzeug abgeworfenen Rakete zu starten. Dies war der erste Start einer Rakete von einem Flugzeug aus, mehr als dreißig Jahre vor der

Pegasus. Aber alle Starts des Projekts „Pilot" scheiterten. Bekannt wurde es erst vierzig Jahre nach den Startversuchen in den Neunziger Jahren.

Alle frühen Träger haben eine sehr geringe Zuverlässigkeit. Von den 34 Starts dieser vier Modelle scheiterten 22. Nur jeder dritte Flug erreichte einen Orbit. Das dürfte einer der Gründe sein, warum die Träger bald von anderen Modellen abgelöst wurden.

Rakete	Orbitale Starts	Fehlstarts	Erfolgsquote
Vanguard	11	8	27,3 Prozent
Juno I	6	3	50 Prozent
Juno II	10	5	50 Prozent
Projekt Pilot	4	4	0 Prozent
Zusammen	31	20	35,4 Prozent

Abbildung 9: Der kürzeste Flug einer Juno II: Selbstzerstörung nach Kursabweichung am 16.5.1959

Vanguard

Die Geschichte der Vanguard (Vorhut) geht weit zurück. Schon 1952 schlug der US-Physiker Leo Berkner vor, im Rahmen des geophysikalischen Jahres (IGY, International Geophysical Year) einen Satelliten zu starten. 1954 folgte eine Empfehlung des Organisationskomitees für das IGY in Rom für einen Satellitenstart. Das Komitee sollte die Forschungsaktivitäten der an dem IGY beteiligten Nationen koordinieren. Vom 1.7.1957 bis 31.12.1958 lief das IGY. Es war mehr als ein Jahr, weil zahlreiche Phänomene eine längere Beobachtungsperiode erforderten. Es wurde die Erde untersucht – sowohl die Wechselwirkung mit der Sonne als auch irdische Phänomene wie Erdbeben, Gletscherbewegungen, Meteorologie und die Erforschung der Meeresböden. Die beiden Supermächte USA und UdSSR kündigten daraufhin an, Forschungssatelliten zu starten, die den erdnahen Raum erkunden sollten. Die Ankündigung der Sowjetunion wurde jedoch von vielen nicht ernst genommen.

Zuerst wurden in den USA die Satelliten vorgeschlagen. 1953 schlug Fred Singer das Projekt MOUSE (Minimum Orbital Unmanned Satellite of Earth) vor, im selben Jahr schlug Wernher von Braun das Projekt „Orbiter" vor. Während für MOUSE keine Trägerrakete skizziert wurde, dafür aber der genaue Aufbau des 50 kg schweren Satelliten erläutert wurde, wollte Wernher von Braun Orbiter mit der Redstone und einem Bündel Loki Raketen als Oberstufe starten. Ein dritter Vorschlag kam von der Glenn L. Martin Company zusammen mit dem Navy Research Laboratory (NRL), welche ihre Höhenforschungsrakete Viking umbauen wollte. Von den drei Vorschlägen war das Projekt Orbiter am weitesten ausgearbeitet. Wernher von Brauns Team hatte sich schon eingehend mit der Aufrüstung der Rakete beschäftigt, die Raketen gab es, allerdings war die Nutzlast von 2 kg für einen 320 km hohen Orbit auch die kleinste der drei Vorschläge.

Die US-Administration untersuchte die Projekte. Am 22.3.1955 wurde Präsident Eisenhower über das Vorhaben informiert. Zu dem Zeitpunkt gab es drei Projekte, die auch die Rakete beinhalteten. MOUSE wurde ohne Trägerrakete und wegen der hohen Satellitenmasse nicht mehr weiter verfolgt. Das waren neben dem NRL-Projekt mit der Viking und Orbiter der Vorschlag mit der Atlas ICBM einen schweren

Satelliten Ende 1958 zu starten. Beim Vanguard Vorschlag wurden die Kosten für zehn Satelliten und fünf Bodenstationen zum Empfang der Daten und Überwachen der Rakete auf 10 Millionen Dollar geschätzt, damals 40 Millionen DM, heute rund 100 Millionen Euro. Der Verantwortliche beim NRL, Milton Rosen hielt das aber für zu niedrig und beantragte 15 bis 20 Millionen Dollar. Im Weißen Haus entschied man sich am 29.7.1955 für die Vanguard. Die Leitung erhielt auf Regierungsseite das Naval Research Laboratory. Die Entwicklung der Vanguard wurde formell beschlossen am 9. September 1955 und das Satellitenprogramm am 29.9.1955 angekündigt. Die offizielle Entwicklung, verbunden mit der Finanzierung, begann am 25.1.1955. Sie wurde direkt von Präsident Eisenhower genehmigt. Die Vanguard erhielt mehr politische Unterstützung. So konnte sie den Auftrag gewinnen, den ersten Satelliten zu starten.

Letztendlich wurden alle drei Projekte durchgeführt. Die Redstone mit Oberstufen wurde zur Juno I (S.106). Sie konnte nach den ersten Planungen nur einen 2,2 kg schweren Satelliten starten, die Kosten wurden aber konkret zu 17,7 Millionen Dollar angegeben. Die Atlas-Lösung hatte mehrere Nachteile. Man befürchtete, dass dieser Start das Flugerprobungsprogramm der Luftwaffe stören könnte und die Atlas war noch in der Erprobung, ihre Zuverlässigkeit, Verfügbarkeit und Performance unbekannt. Zuletzt wäre der Satellit erst zum Ende des geophysikalischen Jahres gestartet worden. Dieses Projekt sollte 16,35 Millionen Dollar kosten. Es gelangte am 18.12.1958 mit einer Atlas der 68 kg schwere Satellit SCORE in einen Erdorbit. Der Satellit war eine einfache funktechnische Nutzlast, die eine Weihnachtsgrußbotschaft von Präsident Eisenhower vom Band ausstrahlte. Er hatte nichts mit dem geophysikalischen Jahr zu tun.

Die Regierung entschloss sich den ersten Satelliten ausgerechnet mit dem anspruchsvollsten Projekt zu starten. Die Glenn L. Martin Company meinte, für 13 Millionen Dollar und in 18 Monaten die Vanguard entwickeln zu können, selbst der verantwortliche NRL-Projektleiter Milton Rosen meinte, dass 30 Monate realistischer wären. Der Name Vanguard (Vorhut) stammt von Rosens Frau.

Ursprünglich sollte der erste Satellitenstart mit der Vanguard im Herbst 1957 erfolgen, doch der Zeitplan verzögerte sich. Es kam zu Bränden bei Testläufen. Der Stufentrennungsmechanismus versagte und musste neu konstruiert werden. Später kam es zu Problemen wegen der zu schnellen Entwicklung. Ein Dauerproblem war das die Nutzlast mit 10 kg minimal war. Sobald ein System nur leicht schwerer wurde oder eine etwas geringere Leistung entwickelte, nahm die Nutzlast rapide ab.

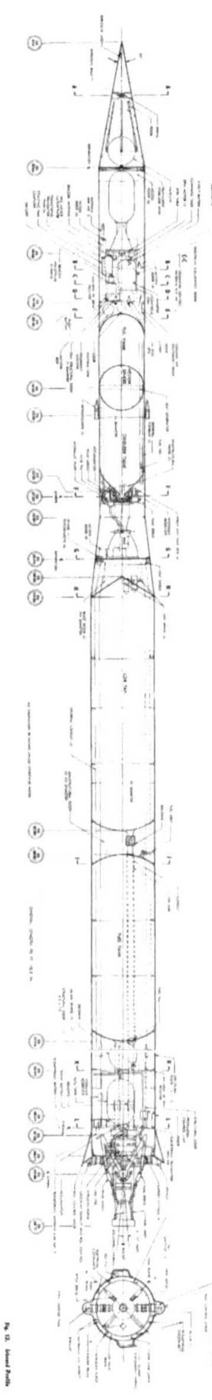

Abbildung 10: Aufbau der Vanguard

Die Vanguard war eine dreistufige Trägerrakete, die unter der Leitung des Naval Research Laboratory entwickelt wurde. Die Gesamtverantwortung für die Rakete lag bei der Glenn L. Martin Company. Sie integrierte die einzelnen Komponenten. Von ihr stammte auch die erste Stufe. Die zweite Stufe stammte von der Aerojet Corporation und die dritte Stufe – hier gab es zwei Ausführungen - von der Grand Central Rocket Company und den Allegany Ballistic Laboratory. Verzögerungen und Reibungsverluste entstanden während der Entwicklung auch dadurch, dass die Zusammenarbeit der einzelnen Firmen eher schlecht war.

Die erste Stufe der Vanguard (Vorhut) ging aus der Höhenforschungsrakete Viking hervor. Die Treibstofftanks der Viking wurden für die Vanguard verlängert. Die zweite Stufe wurde von der Höhenforschungsrakete Aerobee übernommen. Sie beinhaltete das Lenkungssystem und die Inertialplattform. Ihr Durchmesser wurde vergrößert. Von der Drittstufe mit festen Treibstoffen wurden zwei Varianten mit den Triebwerken GCR-300 und X-248 eingesetzt. Die dritte Stufe wurde vor der Abtrennung durch einen Dralltisch in Rotation versetzt. Im Frühjahr 1956 waren die Entwicklungsarbeiten für die Vanguard abgeschlossen. Zeitgleich begann die Entwicklung der Vanguard-Satelliten als Nutzlast. Die Vanguard sollte die 10 kg schweren Satelliten in elliptische Erdumlaufbahnen (typisch 600 × 3.000 km Höhe) befördern.

Obgleich die Vanguard auf schon existierenden Stufen aufbaute, waren viele Änderungen nötig, da die Ausgangsstufen kleiner waren. Zudem war eine Reduktion des Leergewichtes notwendig, um überhaupt eine Nutzlast in den Orbit transportieren zu können. Das Leergewicht war bei einer Höhenforschungsrakete, die eine viel geringere Endgeschwindigkeit erreichte, nicht so wichtig wie bei einem Satellitenträger. Die Vanguard beinhaltete daher mehr Risiken als die Juno. Da die US-Regierung den Start des ersten künstlichen Satelliten zu Recht als historische Leistung einstufte, wurde die Vanguard als Träger bestimmt. Weil die Stufen von Höhenforschungsraketen abstammten, galt die Rakete als „zivil". Auch war die Vorstellung, dass der erste amerikanische Satellit von einem Team von Deutschen (verantwortlich für die Redstone) gestartet wird, nicht auf viele Befürworter gestoßen.

Erste Stufe

Abbildung 11: Start einer Viking Höhenforschungsrakete

Die erste Stufe entstand aus der Höhenforschungsrakete Viking. Die Viking war eine einstufige Höhenforschungsrakete, die ab 1946 von dem Naval Research Laboratory (NRL) für das Erreichen großer Höhen entwickelt wurde. Bei ihr orientierte man sich an der A-4 als einziger zu diesem Zeitpunkt existierenden Rakete. Es wurde auch der gleiche Treibstoff, 75 prozentiger Ethanol und flüssiger Sauerstoff verwendet. Ebenso wurde der Gasgenerator wie bei der A-4 durch die katalytische Zersetzung von Wasserstoffperoxid angetrieben. Obwohl die Viking leichter als die A-4 war, entschied man sich für die Entwicklung einer Turbopumpe für das Triebwerk,

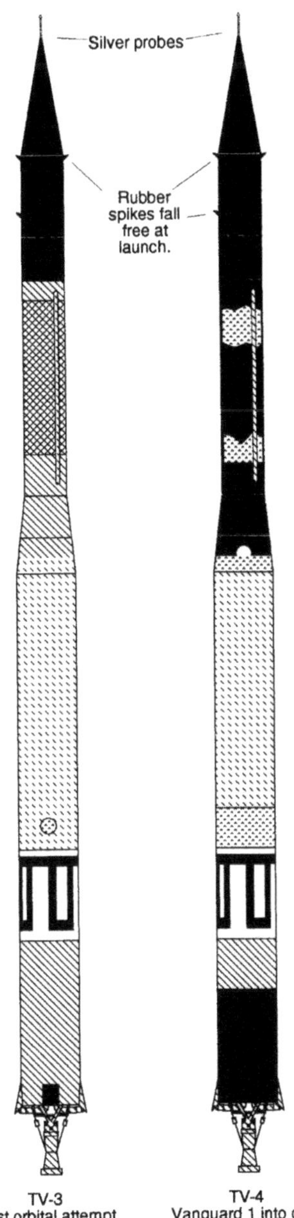

Abbildung 12: Aufbau der Vanguard

anstatt auf Druckgasförderung zu setzen. Neu war die kardanische Aufhängung des Triebwerks, nachdem die A-4 noch Strahlruder verwandte. Durch Schwenken des Triebwerks wurde die Lage in der Nick- und Gierachse geregelt. Den Entwicklungsauftrag bekam im August 1946 die Glenn L. Martin Company. Bei der Viking, die anfangs die Bezeichnung „Neptun" hatte, wurde die Entwicklung anders angegangen als üblich. Es wurde zuerst ein Exemplar fertiggestellt und gestartet, bevor das NRL an die Produktion der nächsten Viking ging und in diese schon die Erfahrungen aus dem Testflug einfließen lies.

Der Jungfernflug der Viking fand am 3. Mai 1949 statt. Bis zum Juni 1952 wurden sieben Exemplare gestartet, dann wurde eine zweite Serie von zuerst vier weiteren Raketen bestellt, die etwas verlängerte Treibstofftanks hatten und eine Spitzenhöhe von 254 km erreichten, bei der ersten Serie waren es 217 km. Insgesamt wurden 14 Vikings gefertigt. Zwölf für den Einsatz als Höhenforschungsrakete, zwei für die Vanguard Testflüge. Elf der Starts als Höhenforschungsrakete fanden von White Sands aus statt, einer fand im Pazifik von Bord des Kreuzers „USS Norton Sound" aus statt. Die Viking machten Messungen der Atmosphäre beim Aufstieg, fertigten Fotografien der Erdoberfläche aus großen Höhen an, untersuchten die Ionosphäre und maßen die kosmische Strahlung.

Die Viking wurde nur kurz eingesetzt und in wenigen Exemplaren gebaut, weil sie relativ teuer war. Ein Start kostete 400.000 Dollar, damals 1,5 Millionen DM, heute rund 4,3 Millionen Euro. Dagegen kostete die zweite im Einsatz befindliche Höhenforschungsrakete Aerobee lediglich 30.000 bis 45.000 Dollar pro Stück. Daneben war die Viking eine für die damalige Zeit technisch sehr anspruchsvolle Rakete, was sich eben auch im Preis niederschlug. Von den zwölf Höhenforschungsraketen, die gestartet wurden, scheiterte aber nur eine eine: Exemplar Nummer 8, das erste der zweiten Serie, riss sich bei einem statischen Brennversuch (bei dem die Rakete fixiert bleibt und nicht abheben sollte) aus der Verankerung und stieg beschädigt ohne Nutzlast auf eine Höhe von 6,5 km. Die eigentlichen Starts der Viking erfolgten ohne Versager, sodass sie der ideale Kandidat für eine Trägerrakete war, bei dem ja jede Stufe Ursache eines Ausfalls sein konnte und der war zur damaligen Zeit bedeutend wahrscheinlicher war als heute.

Die erste Stufe bestand aus zwei Tanks aus 6061-Aluminium. Die Tanks waren in Integralbauweise ausgelegt, bildeten also gleichzeitig die Außenwand. Gegenüber der Viking wurden sie rund rund ein Drittel verlängert. Dazu kam eine Zwischentankstruktur aus einem Aluminiumrahmen mit aufgenieteten 1 und 2 mm starken Magnesiumblechen. Die beiden getrennten Tanks fassten 4.950 kg Kerosin und 2.312 kg flüssiger Sauerstoff.

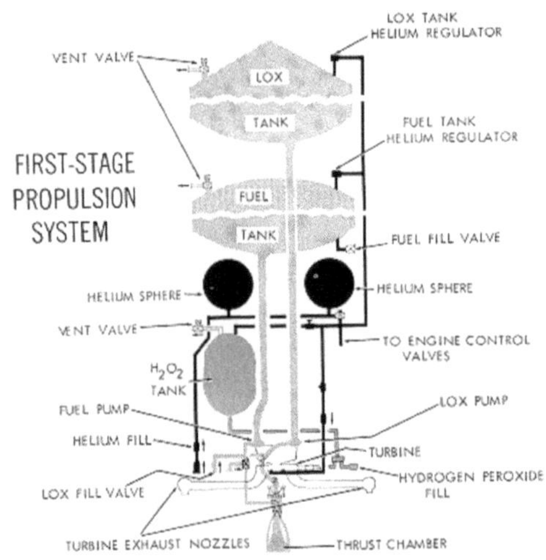

Abbildung 13: Aufbau der ersten Stufe

Bei der Entwicklung wurde die Anzahl der elektrischen Komponenten und der Telemetrieeinheiten auf ein Minimum reduziert. Dadurch konnte das Gewicht der ersten Stufe um 450 kg gesenkt werden. Die erste Stufe nutzte 154 kg Wasserstoffperoxid, um den Gasgenerator anzutreiben. Durch den katalytisch forcierten Zerfall entstand ein Wasserdampf/Sauerstoffgemisch mit einem Druck von 44 bar und einer Temperatur von 700 Grad Celsius.

Der heiße Dampf trieb die Turbine und Turbopumpe an. Das Abgas der Turbopumpe wurde durch zwei kleine Düsen im Heck entlassen. Es war für die Rotation um die Rollachse verantwortlich. Dafür waren die Düsen um 45 Grad drehbar. Mit 6 kg Heliumdruckgas wurden die Tanks unter einen Druck von 3,4 bar (LOX) und 1,7 bar (Kerosin) gesetzt und Ventile betätigt. Nach Brennschluss wurde das Helium der Tanks durch das Triebwerk geleitet und erzeugte einen geringen Schub. Der stabilisierte die Rakete weiter, bis die zweite Stufe abgetrennt war.

Das Triebwerk X-405 von General Electric war schwenkbar aufgehängt. Der Schub des Triebwerks stand schon vor dem Start fest. Bei einem minimalen Schub-/Gewichtsverhältnis von 1,2 durfte die Rakete nicht mehr als 10.210 kg wiegen. Es war das niedrigste Schub-/Gewichtsverhältnis der damaligen Zeit. Der Schub musste um 30 Prozent gegenüber dem XLR10-RM-2 der Viking um ein Drittel gesteigert werden. Dies geschah durch Übergang von 75-prozentigem Alkohol auf Kerosin als Treibstoff. Diese Mischung hat einen höheren Energiegehalt und höheren spezifischen Impuls.

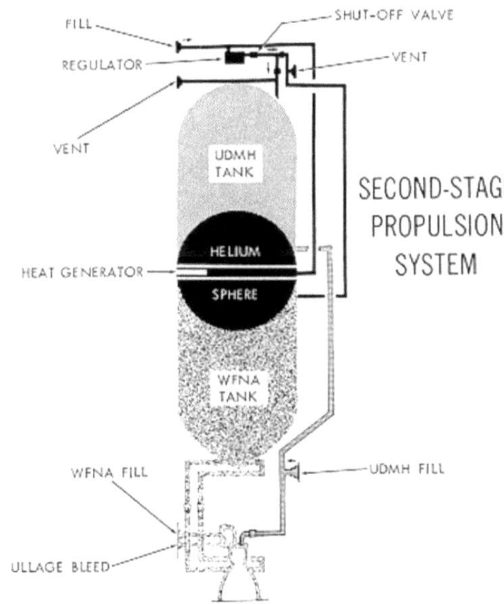

Abbildung 14: Aufbau der zweiten Stufe

X-405 Triebwerk (erste Stufe)	
Schub:	123,8 kN (Meereshöhe), 134,8 kN (Vakuum)
Gewicht:	191 kg
Max. Durchmesser:	1,14 m
Brennkammerdruck:	42,4 bar
Flächenverhältnis:	5,5
Spezifischer Impuls:	2.491 / 2.648 m/s (Meereshöhe/Vakuum)
Mischungsverhältnis LOX/Kerosin	2,2
Treibstofffluss:	33,4 kg LOX/s, 15,2 kg Kerosin/s
Rotationsgeschwindigkeit Turbine	31.000 U/min
Druck am Turbinenausgang	2 bar
Schwenkbereich	5 Grad

Zweite Stufe

Die zweite Stufe entstand aus der Aerobee-Höhenforschungsrakete. Sie ist noch etwas älter als die Viking. Als die erbeuteten A-4 nach White Sands kamen, nutzten Wissenschaftler wie James van Allen, die Starts der A-4 um Instrumente in die Hochatmosphäre zu entsenden. Da der Vorrat an A-4 aber begrenzt war, kam die Forderung der Wissenschaftler nach einer eigenen Höhenforschungsrakete auf. Am 17.5.1946 wurde ein Vertrag für die Entwicklung abgeschlossen. Regierungspartner war die John Hopkins Universität, industrieller Partner war die Aerojet Corporation. Die Aerobee war erheblich kleiner als die A-4 oder Viking, die erste Version wog 485 kg und war 6,25 m lang. Sie konnte eine Nutzlast von 68 kg auf 91 km Höhe transportieren.

Das erste Los umfasste 20 Raketen. Die Aerobee wurde später zu der einer der am häufigsten eingesetzten Höhenforschungsrakete der USA. 1.037 Exemplare wurden bis zum letzten Start am 17.1.1985 gestartet. Die Aerobee wurde von einer Feststoff-Hilfsrakete über ein Schienensystem aus einem 46 m hohen Turm heraus gestartet. Die Feststoffrakete brannte nur zweieinhalb Sekunden lang, beschleunigte bei 96 kN Schub die Aerobee auf 1.100 km/h sodass sie nun durch die aerodynamischen Finnen am Heck stabilisiert wurde. Das sparte ein schwenkbares Triebwerk ein. Am 25.9.1947 fand der erste Start mit Ballast statt, am 24.11.1947 der erste Start mit Instrumenten. Als die Entwicklung der Vanguard begann, war schon die zweite Generation der Aerobee mit dem AJ11-Triebwerk im Einsatz, für die Vanguard setzte man aber auf die erprobte erste Version mit dem AJ10 Triebwerk.

Verglichen mit der Aerobee-Höhenforschungsrakete, war der Entwicklungssprung bei der zweiten Stufe groß. Sie musste komplett umkonstruiert werden. Es wurde diskutiert, ob der Durchmesser von 15 auf 32 oder 40 Zoll vergrößert oder die Stufe um 16 Zoll verlängert werden sollte. Martin entschloss sich für das Letztere. Ein Problem war der geringe Schub des Antriebs, der bei nur 80 Prozent des benötigten Schubs lag. Das Triebwerk AJ10-24 der Aerobee hatte 17,8 kN Schub. Der Schub musste auf mindestens 25 kN in der Vanguard gesteigert werden, schließlich wurden sogar fast 35 kN erreicht.

Das Triebwerk AJ10 arbeitete mit einer Druckgasförderung. Es wurde von der Kombination Anilin+Furanol/Salpetersäure auf UDMH/Salpetersäure umgestellt, da diese Kombination mehr Energie und Schub liefert. Doch das reichte nicht aus. Der Triebwerkshersteller Bell schlug vor, eine Turbopumpe zu integrieren, um den Schub zu erhöhen. Doch dies wurde von den Verantwortlichen verworfen, da dadurch die Leermasse zu stark anstieg. Außerdem hätte das weitere Verzögerungen im Zeitplan zur Folge gehabt. Die zweite Stufe setzte 1.118 kg Salpetersäure und 406 kg UDMH ein. Die Kombination ist selbstentzündlich.

Um einen höheren Schub zu erreichen, war es daher notwendig, die Tanks unter hohen Druck zu setzen. Die Tanks bestanden daher aus Stahl. Die restliche Zelle aus Spanten und Stringern zur Gewichtseinsparung aus Aluminium. Die Hecksektion, die höheren Temperaturen ausgesetzt war, bestand aus einer Magnesium-Thorium-Legierung. Bedingt durch die Kombination von hohem Tankdruck und Stahl als Material, wies die zweite Stufe eine sehr hohe Leermasse auf. Um Gewicht einzusparen waren es auch hier Integraltanks. 7,7 kg Helium wurden zur Druckbeaufschlagung genutzt. Das Helium saß in einem Drucktank zwischen UDMH und Salpetersäuretank. Es wurde durch einen Wärmaustauscher am Triebwerk erhitzt. Zur Stabilisierung während der Freiflugphase umgab die zweite Stufe auf einer Länge von 1,50 m die dritte Stufe. Die Lageregelung erfolgte mit vier Düsen. Sie wurden mit 5,9 kg Propangas angetrieben, das zwischen den Tanks gelagert wurde. Sie bremsten auch die zweite Stufe vor Zündung der Dritten Stufe ab.

Die Brennkammer des Triebwerks AJ10 von Aerojet bestand aus 162 miteinander verschweißten Aluminiumröhren, durch die Salpetersäure zur Kühlung strömte. Ein quadratischer Draht umhüllte die Röhren und verteilte die Kräfte auf alle Röhren. Außen war das Triebwerk durch ein Stahlnetz verstärkt. Die Düse bestand aus 258 verschweißten Aluminiumprofilen. Ursprünglich war eine Brennkammer aus Stahl vorgesehen gewesen, aber um die Masse zu reduzieren, wurde Aluminium verwendet. Alumnium war bei der kurzen Brennzeit ausreichend stabil.

Abbildung 15: John P. Hagen, Projektleiter bei Vanguard zusammen mit dem Testsatelliten und einem Modell der dritten Stufe.

AJ10-37	
Schub:	33,7 kN
Brennkammerdruck:	14,2 bar
Schwenkbereich:	3 Grad
Mischungsverhältnis Salpetersäure/UDMH	2,8
Flussrate:	9,5 kg Salpetersäure/s und 3,5 kg UDMH/s
Expansionsverhältnis:	20

Dritte Stufe

Obwohl die dritte Stufe der technisch einfachste Teil der Rakete war, musste sie den größten Teil der Geschwindigkeit aufbringen. Beide Stufen setzten feste Treibstoffe ein.

Vor der Zündung der dritten Stufe wurde diese mit einem Dralltisch auf 200 Umdrehungen pro Minute gebracht, das stabilisierte die Richtung durch die Rotation um die Längsachse auf ein Grad genau.

Zwei dritte Stufen wurden eingesetzt. Bei den meisten Starts war es ein Antrieb von Grand Central Rocket (GCR-33). Er entsprach dem damaligen Stand der Technik. Beim letzten Start wurde der modernere X-248 Antrieb eingesetzt. Aus ihm sollte die Altair Stufe entstehen.

Der GCR-33 Motor verwendete die bewährte Treibstoffkombination Ammoniumperchlorat, gebunden mit Polysulfiden. Der Feststoffantrieb saß in einem Stahlgehäuse von 0,76 mm Stärke. Auch die Düse bestand aus Stahl. Es gelang, das Leergewicht um 8,5 kg zu senken. Diese Maßnahme erhöhte die Nutzlast um 30 Prozent.

Der beim letzten Start SLC-7 eingesetzte X-248 Antrieb von Allegany Ballistics setzte die damals noch neue Treibstoffkombination Ammoniumperchlorat/Aluminium/PVC ein. Diese versprach mehr Energie als frühere feste Treibstoffe. Sie war jedoch nur auf kleineren Antrieben erprobt. Der X-248 sollte den GCR-33 ursprünglich schnell ablösen, jedoch stand er erst beim letzten Start zur Verfügung. Die Altair 1 Stufe setzte ein leichtgewichtiges Gehäuse aus Glasfasern in Epoxidharz mit einer Wandstärke von 1,4 mm ein. Sie hatte daher trotz einer höheren Treibstoffzuladung als der GCR-33 Antrieb eine geringe Leermasse, was die theoretische Maximalnutzlast der Vanguard glatt verdoppelte.

Bedingt durch den hohen Schub und der leichten Nutzlast, wurden extreme Beschleunigungen von 35 g beim GCR-300 und sogar 50 g beim X-248 Antrieb erreicht. Aufgrund des gewählten Bahnprofils war die reale Nutzlast einer Vanguard mit maximal 11 kg nur ein Bruchteil der theoretischen Nutzlast.

Abbildung 16: Der Testsatellit 1 wird auf der Oberstufe von TV-3 montiert.

Lenkung und Flugprofil

Die Inertialplattform mit dem Steuerungsgerät wog 14,55 kg und wurde von der Firma Vickers gefertigt. Drei Gyroskope, Verstärker und Elektronik waren in einer Box von 36 × 36 × 33 cm Größe untergebracht. Die Entwicklung war herausfordernd, da die Steuerung der Viking, die als Vorlage diente, eine Driftrate von $^1/_8$ Grad/Minute hatte. Das war ausreichend für eine Höhenforschungsrakete mit einer kurzen Antriebsphase, aber nicht für die Vanguard mit ihrer langen Freiflugphase. Die Inertialplattform der Vanguard hatte nur noch einen Drift von 3 Grad pro Stunde.

Die erste und die zweite Stufe wurden aktiv durch einen elektromechanischen Computer gesteuert. Sie hatten die Aufgabe, die mit Feststoff betriebene Oberstufe an einen bestimmten Punkt der Flugbahn zu bringen. Dabei wurde ein vorprogrammiertes Neigungsprogramm eingehalten. Ein analoger Rechner integrierte die Werte der Beschleunigungssensoren und löste den Brennschluss der zweiten Stufe bei Erreichen der Sollgeschwindigkeit aus. Die erste Stufe brannte bis zum Erschöpfen ihres Treibstoffs.

Die Telemetrie wurde im Pulscodeverfahren zur Erde gesandt. Am Boden wurde der Flugverlauf per Radar im C-Band bei 5,55 GHz verfolgt. Ein Transponder an der Vanguard empfing das Radarsignal und sandte es verstärkt zurück. Aufgrund der Dopplerverschiebung und des gemessenen Winkels zum Horizont wurde die Bahn mit einem IBM-704 Computer berechnet. Er sandte den Zündungsbefehl für die dritte Stufe, wenn sie dem vorgegebenen Punkt der Flugbahn am nächsten war.

Die Ausrichtung der Oberstufe erfolgte vor der Abtrennung durch die Zweitstufe auf ein Grad genau. Der Winkel zur Horizontalen entschied über die Höhe des Apogäums. Die Nutzlastverkleidung bestand aus Asbest in ausgehärtetem Phenolharz. Sie wurde nach 180 Sekunden abgeworfen.

Das Flugprogramm der Vanguard sah folgendermaßen aus: Die Rakete beschleunigte zuerst 10 s lang senkrecht und wurde dann programmgesteuert in einen 45-Grad-Winkel gelenkt. Dies geschah je nach Höhe mit drei Winkelgeschwindigkeiten, abhängig von der aerodynamischen Belastung. Das Brennschlusssignal für die erste Stufe war der Verbrauch einer Treibstoffkomponente, erkennbar am Absinken des Förderdrucks. Sechs Sprengbolzen trennten die erste Stufe ab. Gleichzeitig erfolgte die Zündung der zweiten Stufe. Die erste Stufe hatte nominell in 56 km Höhe bei einer Geschwindigkeit von 1.870 m/s Brennschluss.

Nach dem Brennschluss der zweiten Stufe in 210 km Höhe bei einer Geschwindigkeit von 4.100 m/s schloss sich eine Freiflugphase an, bis in 1.400 km Entfernung vom Startplatz die Gipfelhöhe erreicht wurde. Nun wurde die Kombination durch den Dralltisch in Rotation gebracht und die zweite Stufe durch zwei Retroraketen abgetrennt. Der Brennschluss der dritten Stufe erfolgte etwa 600 Sekunden nach dem Start. Anders als bei der Juno war es nicht möglich, die dritte Stufe vor dem Start in Rotation zu versetzen. Die Rotationsgeschwindigkeit wäre zu hoch gewesen und hätte die strukturelle Integrität überschritten. Der Dralltisch wurde daher bei einem Teststart im Flug erprobt. Nach dem Ausbrennen der letzten Stufe wurde der Satellit durch Federn weggedrückt. Das Signal dafür gab ein Zeitgeber. Er wurde gestartet, wenn die Beschleunigung 30 g überstieg. Nach einem wählbaren Intervall von 1,5 bis 5 Minuten löste er die Sprengbolzen aus. Das gab der letzten Stufe genügend Zeit, den Schub abklingen zu lassen.

Die Bahn verlief von Cape Canaveral südwestwärts über die westindischen Inseln. Auf Grand Bahamas, San Salvador, Mayaguana, Grand Turk, Puerto Rico und Antigua wurden Bahnverfolgungsstationen errichtet, welche die Telemetrie empfangen und Steuerkommandos übermittelten. Die Minitrack-Station auf Antigua konnte noch den Brennschluss der dritten Stufe erfassen und die Geschwindigkeit ermitteln und damit verifizieren das sich der Satellit in der Umlaufbahn befand.

Flugprogramm Vanguard	
Ende senkrechter Aufstieg, Umlenkung in 45 Grad Winkel:	10 s
Brennschluss erste Stufe, Zündung zweite Stufe:	140 s, 56 km Höhe, v=1.870 m/s
Abwurf Nutzlastverkleidung:	172 – 180 s
Brennschluss zweite Stufe:	260 s, 210 km Höhe v=4.100 m/s
Zündung dritte Stufe:	484 – 568 s, 422 bis 589 km Höhe v=3.870 – 3.960 m/s
Brennschluss dritte Stufe:	575 – 601 s, 420 bis 666 km Höhe, v=7.000 – 8.253 m/s

Einsatzgeschichte

Ursprünglich war die Produktion von sechs Testexemplaren und drei Backup-Testexemplaren geplant. Letztere sollten nur eingesetzt werden, wenn es gravierende Havarien bei den Testflügen gab. Die Entwicklung der Vanguard war schwierig. Bei Testzündungen der Stufen gab es Ausfälle. Einige Starts mussten verschoben werden, als es Probleme mit verschiedenen Systemen gab. Das Entwicklungsprogramm wurde deutlich teurer als geplant. Ursprünglich waren 19,62 Millionen Dollar vorgesehen. Das waren immerhin zwei Drittel des Gesamtbudgets für die Forschung im IGY. Bald planten die USA dann den Start von mehrere Satelliten und die Kosten kletterten auf 63 Millionen Dollar.

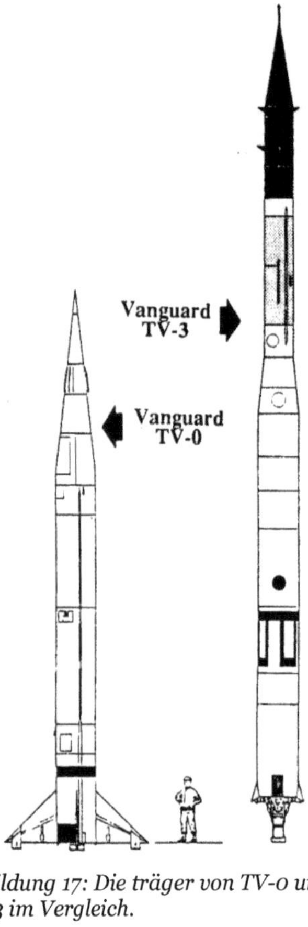

Vanguard TV-3

Vanguard TV-0

Abbildung 17: Die träger von TV-0 und TV-3 im Vergleich.

Die ursprünglichen Pläne sahen vor, bei den ersten sechs Starts der Version mit drei aktiven Stufen einen Satelliten in den Orbit zu befördern. Vorher waren Tests mit weniger aktiven Stufen vorgesehen. Es war unsicher, ob die geplante Nutzlast erreicht wurde. Daher war vorgesehen, den Satelliten in eine exzentrische Bahn mit einem Perigäum von 300 nautischen Meilen (556 km) und einem Apogäum von 800 Meilen (1.287 km) zu befördern. Später wurde das Apogäum auf 2.252 km (1.400 Meilen) erhöht, als klar war, dass die Rakete dafür genügend Leistung hatte.

Der erste **Testflug „TV-0"** fand am 8. Dezember 1956 statt. Es handelte sich um eine leicht modifizierte Viking Höhenforschungsrakete. Es ging darum, die Startanlagen des neuen USAF-Versuchsgeländes Patrick am Cape Canaveral zu erproben und den Minitrack-Sender für das Bahnverfolgungsnetz zu erproben. Die Viking erreichte eine Spitzenhöhe von 200 km und ging 290 km vom Cape entfernt im Atlantik nieder.

Alle Testziele wurden erreicht. Die Startrampe für alle Starts war eine frühere Viking Startrampe. Sie wurde zum Launchpad LC-18A, von dem nach Ende des Vanguard-Programms bis 1965 Blue Scouts gestartet wurden.

Der **zweite Testflug „TV-1“** fand zweistufig statt. Die zweite Stufe war aber noch nicht einsatzbereit, so wurde die dritte Stufe direkt auf die erste Stufe montiert. Der Test diente der Qualifizierung der dritten Stufe. Getestet wurden das Aufspinnen mit dem Dralltisch, die Stufentrennung und die Zündung der dritten Stufe. Auch dieser Test am 1. Mai 1957 verlief erfolgreich. Die Rakete erweichte eine Spitzenhöhe von 195 km und eine Weite von 726 km. Als am 4.10.1957 Sputnik 1 der erste künstliche Satellit wurde, überschlugen sich die Ereignisse. Nun wurde für den nächsten Start mit allen drei Stufen ein Satellitenstart angestrebt. Geplant war für den vierten Testflug eigentlich nur, dass die Oberstufe einen Orbit erreichen sollte. Nun wurde ein kleiner Testsatellit eigens für diesen Start gefertigt.

Der **dritte Teststart TV-2** fand am 23.10.1957 mit erster Stufe und Attrappen von zweiter und dritter Stufe statt. Es sollte erprobt werden, ob die erste Stufe das zusätzliche Gewicht befördern konnte. Die ersten beiden Starts setzten noch unmodifizierte Vikings ein. Nun kam eine Vanguard Erststufe zum Einsatz. Außerdem wurde der Dralltisch für die Drittstufe erneut getestet. Neu war auch das Testen der Retroraketen der zweiten Stufe und ein C-Band Radarverfolgungssender. Die Rakete erreichte eine Spitzengeschwindigkeit von 6.840 km/h, eine Maximalhöhe von 175 km und landete 539 km vom Startort entfernt im Atlantik. Der Start musste mehrfach vom Juni in den Oktober verschoben werden, weil das Bodennetzwerk zur Bahnverfolgung Probleme hatte.

Nachdem auch der dritte Test erfolgreich war, sollte schon der nächste Start einen Satelliten transportieren. Es gelang der US-Regierung nicht, die Bedeutung dieses Ereignisses herunterzuspielen. Von offizieller Seite wurde der Flug lediglich als weiterer Test ausgewiesen. Als Testflüge (Trägerbezeichnung TV für „**T**est**v**ehicle“) galten auch die nächsten drei Flüge. Die folgenden Träger erhielten die Bezeichnung SLV für **S**tandard **L**aunch **V**ehicle). Selbst der Satellit erhielt keinen eigenen Namen, sondern nur die Bezeichnung „Vanguard“. Erst der zweite Satellit, der einen Orbit erreichte, erhielt eine laufende Nummer.

Abbildung 18: Explosion von TV-3 am 4.12.1957

Nach einer Verzögerung um zwei Tage fand am 6. Dezember 1957 der erste Startversuch einer kompletten Vanguard mit **TV-3** statt. Nutzlast war ein 1,5 kg schwerer Testsatellit mit lediglich 16,3 cm Durchmesser. Doch nach einer Sekunde versagte der Injektor des Triebwerks. Die Rakete verlor an Schub. Sie stürzte aus 1,20 m Höhe auf die Startrampe und explodierte. Der Start wurde live vom Fernsehen übertragen. In den US-Zeitungen wurde der Start als „Flopnik“, „Kaputtnik“, „Oopsnik“,„Dudnick“, „Stayputnik und „Explodenik“ hämisch verrissen. Heute ist er als „Four Food Flight“ bekannt.

Die genaue Ursache des Unfalls konnte aufgrund der begrenzten Telemetrie nicht mit Sicherheit bestimmt werden. Glenn L. Martin kam zu dem Schluss, dass ein niedriger Druck im UDMH-Tank während des Startvorgangs dazu führte, dass ein Teil des brennenden Kraftstoffs in die Leitungen durch den Injektorkopf eindrang, bevor der volle Druck von der Turbopumpe erreicht wurde. General Electric meinte, dass das Problem eine lockere Verbindung der Leitungen zur Brennkammer sei. Im Nachhinein schien das erste Problem das zweite zu verursachen. Die Untersuchung ergab, dass der Druck etwas unter dem Nennwert lag, was zu einem unzureichenden Druck im Injektor führte. So staute sich heißes Verbrennungsgas im Injektorkopf und verursachte eine Druckspitze. Die Injektorringe brannten vollständig durch, gefolgt vom Bersten der Brennkammer. Bei T+1 Sekunde zerriss eine Stoßwelle eine Kraftstoffzufuhrleitung, wodurch der Schub auf Null abnahm. GE-Techniker hatten diesen Konstruktionsfehler während der Tests nicht entdeckt. Es wurde eine vorübergehende Lösung durch Erhöhen des Tankdrucks vorgenommen. Später wurde Ethangas verwendet, um den Druck im Tank zu erhöhen und einen rauen Start zu verhindern. Der X-405-Motor fiel bei nachfolgenden Starts und statischen Zündtests nicht mehr aus.

Der Satellit konnte nahe des Startpads geborgen werden, er funkte, aber war zu stark beschädigt um ihn erneut zu starten. Er ist heute im Smithsonian Museum ausgestellt. Für weitere Starts musste auch das Launchpad repariert werden, das durch die Explosion teilweise beschädigt war. Inzwischen hatte auch Wernher von Braun die Freigabe erhalten, seine Redstone für den Start von Explorer 1 vorzubereiten und er konnte so den ersten US-Satelliten starten.

Der nächste Start hieß nun nicht TV-4, sondern **TV-3BU** für TV-3 **B**ackup-**U**nit. Heute ist erstaunlich, dass trotz der vielen Fehlschläge im frühen Raumfahrtprogramm man versuchte, Fehlschläge durch Neunummerierung „kleinzureden“, so erhielt die erste Pioneer-Sonde, als sie scheiterte, die Bezeichnung „Pioneer 0“ und als ein Mercury-Redstone Flug wiederholt werden musste, bekam er die Bezeichnung „MR-BD“, BD für **B**ooster **D**evelopment. Die Nutzlast von TV-3BU war erneut der 1,5 kg schwere Minisatellit. Am 5. Februar 1958, vier Tage nach dem Start von Explorer 1 hob TV-3BU ab. Zuerst sah alles gut aus, doch dann drehte sich nach 57 Sekunden in 6,1 km Höhe die Rakete abrupt um 45 Grad, was 62 Sekunden nach dem Start einen Bruch in der Struktur durch die aerodynamischen Kräfte auslöste. Nachfolgende Untersuchungen zeigten, dass elektrische Störsignale eine Bewegung des Triebwerks in der Nickebene erzeugt hatten.

Erst der dritte Start einer Vanguard mit allen aktiven Stufen am 31.3.1958 klappte. Der Start **TV-4** beförderte den zweiten amerikanischen Satelliten ins All. Vanguard 1 (die beiden vorherigen Exemplare bekamen keine Bezeichnung) erreichte einen 654 km × 3.969 km × 34,25 Grad Orbit mit einer Periode von 135,5 Minuten. Vanguard 1 umkreist noch immer die Erde und ist der älteste künstliche Satellit im Orbit. Er wird noch mindestens 200 Jahre lang die Erde umkreisen, ursprünglich rechnete man mit einer Lebensdauer von 2.000 Jahren, doch wie stark die Atmosphäre Satelliten abbremst, war natürlich noch unbekannt. In den über 60 Jahren seit dem Start hat sich seine Umlaufbahn kaum verändert: 2023 betrugen die Bahndaten 649 × 3.831 km × 34,25 Grad.

Vanguard I wog nur 1,5 kg. Obwohl von Nikita Chruschtschow wegen seiner Größe und seines Aussehens als „Pampelmusensatellit" verspottet, arbeitete **Vanguard 1** bis 1964. Außerdem setzte er eine Reihe von neuen Technologien ein, z. B. Solarzellen zur Energieversorgung.

TV-5 war der letzte Erprobungsstart und der erste mit den regulären Vanguardsatelliten, diese wogen 9,75 kg und hatten die Form einer Kugel von 50,8 cm Durchmesser mit Auslegern für die Stabantennen. TV-5 hob am 29.4.1958 ab. Der Start verlief nominell bis zum Burnout der zweiten Stufe 262 Sekunden nach dem Start. Danach funktionierten zwei elektrische Relais nicht und übertrugen so nicht das

Signal zum Scharfschalten des Flugsteuerungssystems, wodurch verhindert wurde, dass sich die dritte Stufe abtrennte und feuerte. Erste und zweite Stufe erreichten eine suborbitale Bahn mit einer Höhe von 539 km und gingen 2.600 km vom Startort entfernt im Atlantik nieder.

Es stand nun der erste Start der eigentlichen Einsatzversion an, die Nummerierung wechselte nun von TV für Testvehicle auf SLV für **S**tandard **L**aunch **V**ehicle. Am 27. Mai 1958 hob **SLV-1** von Pad 18A ab. Der Start verlief bis 261,5 Sekunden nach dem Start normal, als das Triebwerk der zweiten Stufe aufgrund einer Instabilität infolge der Erschöpfung des Oxidationsmittels nicht ordnungsgemäß abschaltete. Die Störung führte dazu, dass die Rotation in der Neigungsebene den Grenzwert der Kompensation durch das Gyroskop von 10,5 Grad überschritt, was zum Verlust der Lagereferenz für das Nick-Gyroskop führte. Der Rest des Fluges wurde nach der falschen Referenz gesteuert. Dies führte dazu, dass das die dritte Stufe nicht parallel zur Erde, sondern mit der Nase nach oben (63 Grad zur Horizontalen) flog, was jede Möglichkeit einer Umlaufbahn ausschloss. Dritte Stufe und Testsatellit erreichten eine Spitzenhöhe von 3.500 km und traten vor Südafrika wieder in die Atmosphäre ein und brachen auseinander.

Die Nickbewegung resultierte aus einem Bruch in der Schubkammer der zweiten Stufe aufgrund einer hochfrequenten Verbrennungsinstabilität beim Abschalten des Triebwerks. Bei späteren Flügen wurde die zweite Stufe modifiziert, um die Möglichkeit eines oxidatorreichens Abschaltens zu verhindern.

Einen Monat später probierte das NRL es am 26. Juni 1958 bei **SLV-2** erneut. Der Start verlief nominal, aber der zu niedrige Druck im Oxidatortank führte dazu, dass das Raketentriebwerk der zweiten Stufe nach nur 8 Sekunden Betrieb, 152,6 Sekunden nach dem Start, abschaltete, was zu einer zu geringen Geschwindigkeit führte, um die dritte Stufe für die Zündung zu aktivieren, und den Abbruch des Fluges verursachte. Als einziges positives Ergebnis wurde vermeldet, dass die vorzeitige Abschaltung dazu führte, dass der Druck in den Treibstofftanks den Auslegungswert überschritt, ohne das die Tanks platzten, was die strukturelle Integrität der Tanks bewies.

Nach drei Fehlstarts in Folge überprüfte das NRL nun nochmals alles und wagte erst am 17.9.1958 mit **SLV-3** einen erneuten Versuch, der aber gleich nach der Zündung endete, als eine Versorgungsleitung vorzeitig abgetrennt wurde, was ein sofortiges Abschalten des Triebwerks zur Folge hatte. Diesmal hob die Vanguard nur einen Zoll ab und kam wieder zur Ruhe. Nach einer Inspektion wagte man am 26.9.1958 einen erneuten Startversuch. Der Flug war nominal, aber die Leistung der zweiten Stufe lag unter den Mindestanforderungen. Die dritte Stufe zündete wie geplant, obwohl die Trennung von der zweiten Stufe etwa 50 Sekunden zu früh erfolgte, nämlich 422,7 Sekunden nach dem Start. Das Versagen der zweiten Stufe führte zu einer Endgeschwindigkeit, die 75 m/s unter der Geschwindigkeit für einen Orbit lag. Die ausgebrannte dritte Stufe und der Satellit erreichten eine Höhe von fast 425 km, bevor sie beim Wiedereintritt in die Atmosphäre verglühten. Dies geschah vermutlich über Zentralafrika nach Abschluss eines Umlaufs. Man kam zum Schluss, dass die schlechte Leistung der zweiten Stufe auf einen zu geringen Treibstoffdurchsatz zurückzuführen war, der durch Verunreinigungen mit Buna-N-Gummipartikeln aus dem Heliumeinfüllschlauch verursacht wurde.

Dagegen klappte der nächste Start **SLV-4** mit **Vanguard 2**. Der 10,75 kg schwere Satellit wurde in eine 559 km × 3.332 km × 32,88 Grad Bahn befördert. Er sollte mit einer einfachen Fotodiode grob auflösende Wetteraufnahmen anfertigen. Diese sollten durch die Rotation des Satelliten um die eigene Achse und die Bewegung um die Erde zu einem zweidimensionalen Bild zusammengesetzt werden. Da der Satellit in 6 Minuten aber um die Achse taumelte war dies nicht möglich. Der batteriebetriebene Satellit arbeitete für 20 Tage und wird bis weit ins 23-ste Jahrhundert in seiner Umlaufbahn verbleiben. Wie der späte Starttermin am 17. Februar 1959 zeigt, gab es nun keinen Grund zur Eile mehr. Mit der Juno II und Thor Agena A gab es zwei weitere Träger für Satelliten.

Vanguard **SLV-5** startete am 14. April 1959. Bei der Trennung der ersten Stufe 142,0 Sekunden nach dem Start zündete das Triebwerk der zweiten Stufe, obwohl es noch an der ersten Stufe befestigt war. Der Druck der Triebwerksabgase drückte die Schubkammer bis an die Grenze der kardanischen Aufhängung, wodurch diese brach und der Verlust der Lagekontrolle verursachte. Die Nick- und Lageregelung der zweiten Stufe ging aufgrund der Seitenkräfte verloren, die auf die Düse der zweiten Stufe einwirkten, weil sich im Zwischenraum ein Gegendruck aufbaute. Die zweite Stufe stürzte ab und die daraus resultierenden Kräfte führten zu einer vorzeitigen Trennung der dritten Stufe und der Nutzlast. Bis zum Aufprall im Atlantik acht Minuten nach dem Start wurden Daten von ihnen empfangen.

Vanguard **SLV-6** startete am 22. Juni 1959. Das Ventil der Helium-Kontrollflasche der zweiten Stufe öffnete sich beim Starten des Triebwerks nicht richtig. Der Druck im Tank und in der Brennkammer fiel während der Zündung der zweiten Stufe schnell ab, und 40 Sekunden nach dem Start des Triebwerks brach die Heliumflasche aufgrund des Druckanstiegs. Die dritte Stufe löste sich daraufhin ab und zündete, wobei sie sich mitsamt des Satelliten 500 km vom Cape entfernt in den Atlantik stürzte.

Am 11. Dezember 1959 fand der letzte Start, **SLV-7** statt. Das NRL hatte die dritte Stufe durch die erste Version der Altair ersetzt, welche zusammen mit einer niedrigeren Bahn die Nutzlast von 10,75 auf 22,6 kg erhöhte. Der **Vanguard 3** Satellit wurde neu konzipiert und hatte nun einen kegelförmigen Ausleger mit einer Höhe von 66 cm. Trotz des geringen Gewichts trug er drei Experimente, die 84 Tage lang Daten lieferten. Vanguard 3 wurde in einen 512 km × 3.750 × 33,55 Grad Orbit befördert. 2023 ist er immer noch im Orbit, in einer 509 km × 3.249 km × 33,3 Grad Bahn.

Nur Satelliten, die einen Orbit erreichten, erhielten eine Nummer. So beförderten elf orbitale Starts der Vanguard nur die Satelliten Vanguard I-III in eine Umlaufbahn. Das lag an den für die damalige Zeit modernen und unerprobten Technologien. Dabei war die Nutzlast durchaus beträchtlich: Die Jupiter hatte die fünffache Startmasse bei fast gleich hoher Nutzlast.

Der Start einer Vanguard kostete eine Viertelmillion Dollar, die Trägerrakete selbst rund 1 Million Dollar. Das gesamte Programm war aber extrem teuer und belief sich am Schluss auf 110 Millionen Dollar, das entspricht inflationsadjustiert 1,1 Milliarden Dollar im Jahre 2023.

Bedeutung der Technologie für zukünftige Träger

Die beiden Oberstufen wurden später als Able und Altair bezeichnet. Sie wurden auf der Thor, Delta und Atlas eingesetzt, die Altair Oberstufe auch auf der Scout. Aus der Able-Oberstufe ging die Delta Oberstufe hervor. Das verwundert etwas, war diese Stufe doch an fünf der acht Fehlstarts beteiligt, aber sie war die einzige verfügbare Stufe ihrer Art. Ihr Triebwerk AJ10 wurde seitdem in zahlreichen Modifikationen im US-Weltraumprogramm eingesetzt, so als:

- AJ10-37 in der Able (1957 – 1958), eingesetzt auf der Vanguard
- AJ10-101 in der Able und ersten Delta-Oberstufe auf der Atlas und Thor (1958 bis 1960).
- AJ10-104 in der Ablestar (1960 – 1965) auf der Thor.
- AJ10-118 in der Delta-Oberstufe (1962 – 1973 und 1982 – 2016)
- AJ10-138 in der Transtage der Titan 3A, 3C und Titan 34D (1964 – 1989)
- AJ10-137 als Antrieb des Apollo Servicemoduls (1968 – 1975)
- AJ10-190 als OMS-Triebwerk des Space Shuttle (1981 – 2011) und der Orion (2022-)

Das AJ10 ist damit das am längsten eingesetzte Triebwerk im US-Raumfahrtprogramm. Das Triebwerk der Aerobee verwandte zuerst eine Brennkammer aus Stahl. Düse und Brennkammer waren mit einem Ablativschutz überzogen, aber nicht regenerativ gekühlt. Spätere Modelle verwandten eine Brennkammer aus Aluminium. Sie war allerdings thermisch nicht so belastbar. Testzündungen zeigten, dass die minimale Lebensdauer nur 30 Prozent über der maximalen Brenndauer lag. Dies erhöhte die Nutzlast der Vanguard. Bei der Delta setzte man wieder Stahl ein. Alle Modelle sind druckgefördert. Zusammen mit hypergolen Treibstoffen ergibt das eine hohe Zuverlässigkeit des Antriebs. Dies führte dazu, dass das AJ10-137 das

Apollo-Servicemodul antreibt. Es war mit über 90 kN Schub das schubstärkste, je gebaute druckgeförderte Triebwerk. Alle Versionen setzten hypergole Treibstoffe ein (Salpetersäure oder Stickstofftetroxid als Oxidator, UDMH, Aerozin-50 oder MMH als Verbrennungsträger). Die meisten Triebwerke nutzen eine Ablationsschicht als thermischer Schutz auf der Düse und Brennkammer.

Wie die Juno wurde auch die Vanguard ausgemustert, nachdem die Scout zur Verfügung stand. Bei Betrachtung der Technologie der Vanguard finden sich einige für die damalige Zeit moderne Elemente, wie Magnesiumlegierungen zur Gewichtsersparnis und Helium zur Druckbeaufschlagung. Die Viking-Erststufe hatte ein Voll-/Leermasseverhältnis von 11 zu 1. Das ist für eine Raketenstufe dieser Größe ein hervorragender Wert. Es wurde überall Gewicht eingespart und Sicherheitsfaktoren reduziert.

Leider nutzten die Triebwerke der ersten beiden Stufen den Treibstoff nur schlecht aus. Verschiedene Optimierungen und die neue Drittstufe Altair steigerten die Nutzlast von anfänglich projektierten 10 kg auf beachtliche 40 kg.

Für die Vanguard wurde der Startkomplex 18 in Cape Canaveral gebaut. Von den beiden Rampen wurde nur LC 18A eingesetzt. Später erfolgten von LC 18 aus Starts der Blue Scout und ballistische Starts der Thor. Für die Bahnverfolgung wurde ein Netz von Minitrack Bodenstationen aufgebaut. Das Datenblatt führt beide dritte Stufen auf, eingesetzt wurde aber nur eine.

Referenzen:

NASA SP-4202: Vanguard: A History
Martin Company: The Vanguard Satellite Launch Vehicle
Werner Büdeler: Geschichte der Raumfahrt
Raumfahrt Info Dienst: Die Vanguard Rakete

Datenblatt Vanguard

Einsatzzeitraum:	1957 – 1961
Starts:	11, davon 8 Fehlstarts 3 suborbitale erfolgreiche Starts
Zuverlässigkeit:	33,3 Prozent erfolgreich
Abmessungen:	23,00 m Höhe, 1,14 m Durchmesser
Startgewicht:	10.252 kg
Max. Nutzlast:	40 kg in einen 500 km hohen LEO-Orbit (Altair 2, SLV-7) 25 kg in einen 500 km hohen LEO-Orbit (GCR 33, SLV 1 – 6)
Startkosten:	250.000 Dollar

	Viking	**Able**	**GCR 33 (TV-3 bis SLV-6)**	**Altair 2 (SLV-7)**
Länge:	13,41 m	5,79 m	1,46 m	1,53 m
Durchmesser:	1,14 m	0,81 m	0,46 m	0,46 m
Startgewicht:	8.155 kg	1.999 kg	196 kg	229 kg
Trockengewicht:	724 kg	460 kg	39 kg	23 kg
Schub Meereshöhe:	128,32 kN	–	–	–
Schub Vakuum:	134,6 kN	33,36 kN	10,45 kN	14 kN
Triebwerke:	1 × X-405	1 × AJ 10-37	1 × X-238	1 × X-248
Spezifischer Impuls (Meereshöhe):	2.491 m/s	–	–	–
Spezifischer Impuls (Vakuum):	2.648 m/s	2.726 m/s	2.334 m/s	2.464 m/s
Brenndauer:	142 s	120 s	33 s	38 s
Treibstoff:	LOX / RP-1	Salpetersäure / UDMH	Ammoniumperchlorat/Polysulfid	Ammoniumperchlorat/ Aluminium / PVC

Abbildung 19: Start von Vanguard TV-3BU am 5.2.1958

Mercury Redstone

Schon 1944 gab es in den USA Pläne für eine Kurzstreckenrakete. Das Ende des Zweiten Weltkriegs stoppte die Entwicklung zunächst. Die USA wähnten sich im Alleinbesitz der Atombombe. Zusammen mit der großen strategischen Bomberflotte schien eine Mittelstreckenrakete nicht mehr notwendig. Ihre Reichweite war zu gering und die Entwicklung erschien für den potenziellen Nutzen zu teuer.

Diese Einschätzung änderte sich, als Russland 1949 seine erste eigene Atombombe zündete. Ein Jahr später begann der Koreakrieg, bei dem die von den USA geführten UN-Streitkräfte schnell an den Rand einer Niederlage gerieten. Zeitweise wurde der Einsatz von Atomwaffen auf dem Gefechtsfeld erwogen. Im Jahre 1950 vergab die US-Regierung deswegen den Entwicklungsauftrag neu. Die Rakete bekam die Priorität „1A", die höchstmögliche im US-Militärprogramm. Den Entwicklungsauftrag erhielt das US-Army Redstone Arsenal, mit dem Team um von Braun. Die Auftragsvergabe war folgerichtig. In den USA hatten nur Wernher von Braun und etwa Hundert an der A-4 beteiligte Ingenieure die Kenntnis, um eine große, mit flüssigen Treibstoffen angetriebene Rakete zu bauen.

Man muss sich die Situation damals vergegenwärtigen. Die USA hatten bis Kriegsende nur kleine Feststoffraketen entwickelt, wie sie als Starthilfe für überladene Transportflugzeuge oder für die Bazooka benötigt wurden. Ein Triebwerk, das flüssigen Treibstoff nutzte, gab es nicht. Vor allem kein Triebwerk wie das der A-4, das eine 20 t schwere Rakete beschleunigen konnte.

Die USA haben zwar ein NASA-Zentrum nach Robert Goddard benannt, das Goddard Space Flight Center (GSFC) in Maryland. Aber sein Einfluss auf die Raketenentwicklung war gleich Null. Goddard tüftelte alleine und veröffentlichte nach anfänglicher Kritik an seinen Schriften nichts mehr. Er meldete lieber alle Entdeckungen beim Patentamt an. Die NASA zahlte später der Guggenheim Foundation, welche die Arbeit Goddards finanziert hatte und die Rechte an den Patenten hielt, 1 Million Dollar. Als die deutschen Raketenspezialisten 1945 von einer US-Spezialeinheit übernommen wurden, die den Auftrag hatte, sie zu finden, und zu „überführen“, witzelte einer „Wozu braucht ihr uns, ihr habt doch Prof. Goddard?“. Aber keiner der US-Spezialisten für Raketentechnik kannte Robert Goddard.

In Deutschland begann die Entwicklung von flüssigen Raketentriebwerken einige Jahre nach dem ersten erfolgreichen Start von Goddard. Allerdings erfolgte die Finanzierung in der Weimarer Republik durch die Reichswehr. Im Januar 1933 erfolgte der erste erfolgreiche Test einer A-1 (Aggregat 1), die im Schub bereits Goddards Raketen übertraf. Mit den nächsten Modellen A-2 und A-3 wurden die Raketen größer. Mit der A-2 wurde die Kühlung und Injektion des Treibstoffs verbessert. Die A-3 erprobte erstmals die Stabilisierung im Flug. Die A-1 und A-2 dagegen waren reine Bodenversuche.

Nachdem man mit A-1 bis A-3 die Lösungsansätze für verschiedene Probleme gefunden hatte, ging die Reichswehr an die A-4. Sie war zwanzigmal so schwer wie eine A-3. Parallel dazu entwickelte man die A-5. Das war ein verkleinertes Modell der A-4, mit dem man Aerodynamik und Steuerung der A-4 in der unteren Atmosphäre erproben konnte. Sie flog 1937/1938.

Der wesentliche Unterschied zwischen Goddards Erfindungen und der A-4 war, das Goddard zeigte, das etwas prinzipiell funktionierte. Bei der A-4 wurde eine praktisch einsetzbare Lösung gefunden. So entdeckte Goddard, dass er mit einem schnell rotierenden Kreisel, einem Gyroskop, den Flug stabilisieren konnte. Bei ihm wog der Kreisel fast so viel wie der Rest der Rakete. Bei der A-4 wog der Kreisel nur wenige Kilogramm, da er die Rakete nicht durch seine Masse stabilisierte. Die Nutation, die Kraft, die der Kreisel abgibt, wenn er aus der Rotationsachse (z. B. durch Wind) bewegt wird, wurde elektrisch verstärkt und zur Steuerung des Schubvektors verwendet. Er wirkte der einwirkenden Kraft entgegen.

Was viel wichtiger war: In der A-4 steckten Jahre der Entwicklungsarbeit, in der die Ingenieure das Konzept immer weiter vervollkommneten. Es wurde unzählige Variationen der Brennkammerkühlung erprobt. Auch der Injektor wurde mehrfach überarbeitet. Nicht zuletzt wurden zahlreiche Methoden der Steuerung und Regelung der Rakete erprobt. So lagen zwei Jahre zwischen dem ersten erfolgreichen Flug einer A-4 am 3.10.1942 und dem ersten militärischen Einsatz am 8.9.1944.

Der wichtigste Schatz, den die Amerikaner 1945 „erbeuteten", waren nicht die Konstruktionszeichnungen. Es war die Erfahrung der „Peenemünder", die in die USA übersiedelten. Erfahrungswissen steckt nicht in Dokumenten, sondern im Kopf. Die USA sollten dies beim Space Shuttle deutlich bemerken. Nach dem Apolloprogramm begann eine Kündigungswelle. Die erfahrenen Mitarbeiter, die ein Jahrzehnt an den Saturn Trägerraketen gearbeitet hatten, wurden entlassen. Die Triebwerksentwicklung für das Shuttle geriet bald darauf in Schwierigkeiten. Das Projekt wurde erheblich teurer und dauerte vier Jahre länger als geplant.

Nachdem die Raketenforscher in die USA übersiedelten, nutzten die Streitkräfte ihr Know-How zuerst nicht. Die „Deutschen" schulten zwar US-Ingenieure anhand der A-4 im Raketenbau. Doch es gab keinen Auftrag für die Entwicklung einer neuen Rakete. Lediglich von der A-4 wurden einige Dutzend erbeutete Exemplare gestartet. Viele Mitarbeiter von Brauns wechselten in dieser Zeit zu US-Firmen. Die begannen unter anderen, Triebwerke zu entwickeln, z.B. North American, die später ihre Triebwerkssparte als „Rocketdyne" ausgliederten.

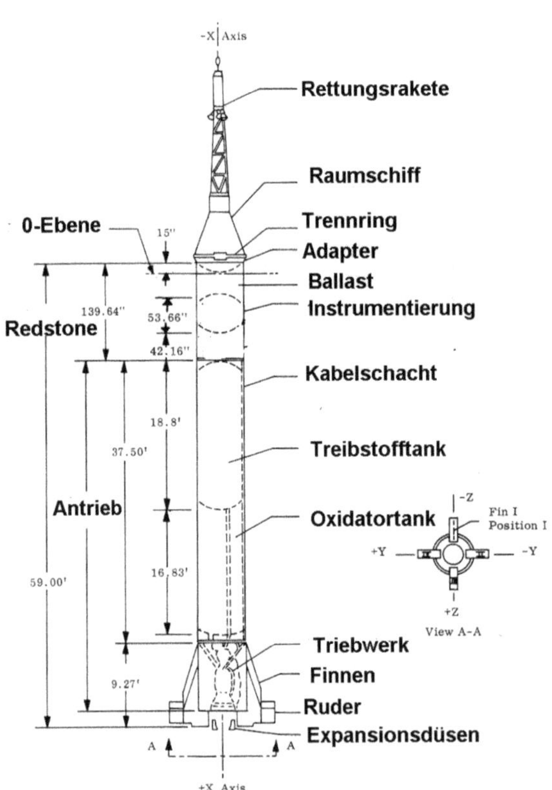

Abbildung 20: Die Redstone mit Mercurykapsel
© NASA / Bernd Leitenberger

Die Situation änderte sich mit dem Koreakrieg. Ein bewaffneter Konflikt mit der UdSSR schien nun wahrscheinlicher.

Die Ausschreibung des Verteidigungsministeriums forderte die Beförderung eines nuklearen Sprengkopfes über eine Distanz von 200 Meilen, also rund 320 km. Die Entwicklung der PGM-11 Redstone begann 1950. Da es sich um einen direkten Nachfahren der A-4 handelte, konnte sie bereits 1952 abgeschlossen werden. Die Firma Chrysler – Autohersteller und kleiner Flugzeugbauer – bekam den Produktionsauftrag im Oktober 1952. Den Namen „Redstone", nach dem Army Redstone Arsenal, wo sie entwickelt wurde, bekam die Rakete am 8.4.1952.

Bemerkenswert für die damalige Zeit war, dass Wernher von Braun die Entwicklung vollständig im Army Redstone Arsenal (dem späteren Marschall Space Flight Center) durchführen konnte. Das war wie vorher Peenemünde eine militärische

Abbildung 21: Serienfertigung des Hecks bei Chrysler

Einrichtung. Schon damals vergab die US-Regierung den Auftrag für die Entwicklung und Produktion normalerweise an Firmen, wie es heute allgemein üblich ist. Wernher von Braun dagegen behielt das Know-how bei seinen eigenen Leuten. Durch die Produktion der Rakete erwarb aber auch Chrysler die Fähigkeiten – Unternehmen und Regierung profitierten von diesem System.

Von Braun war dafür bekannt, dass die Kontrolle der Kontraktoren anders verlief als sonst in der US-Industrie. Das System, das bis heute angewandt wird, basiert auf einer Ausschreibung. Eine Reihe von Firmen unterbreitet Vorschläge, die dann geprüft werden. Anschließend erhält eine Firma den Entwicklungs- und Produktionsauftrag. Sie wird zwar von der Raumfahrtagentur überwacht und das Produkt

Abbildung 22: Mercury-Redstone am MSFC mit Projektverantwortlichen und Astronaut Gus Grissom

eingehend getestet. Aber schlussendlich ist der Auftragnehmer für die Entwicklung verantwortlich. Dabei erwirbt die Firma das Know-How, nicht die NASA.

Von Braun dagegen hielt die Entwicklung in der ABMA (**A**rmy **B**allistic **M**issile **A**gency), so wie dies schon in Peenemünde der Fall war. Die ersten kompletten Raketen wurden dort gebaut, selbst bei der Saturn V. Erst danach ging die Produktion an die Industrie über. Doch nicht ohne Kontrolle. Von Huntsville schwärmten die Ingenieure zu den Subkontraktoren aus und überwachten die Produktion.

Die enge Verzahnung mit den Herstellern wurde von der NASA abschätzig „Kontraktatorinfiltration" und von den Auftragnehmern als „technische Übernahme durch die Regierung" bezeichnet. So bekam auch bald McDonnell als Kapselhersteller des Mercuryraumschiffs Besuch von den Inspekteuren der ABMA. Sie stellten fest, dass man mit Verfahren arbeitete, die im ABMA als veraltet und riskant angesehen wurden. So schrieb von Braun am 9.10.1959 Robert Gilruth Chef des Projektes an, um ihn auf diese Umstände hinzuweisen.

Das machte von Braun und das ABMA bei der Space Task Group (STG), die Mercury durchführte, nicht gerade beliebt. Allerdings waren alle Flüge seiner Raketen erfolgreich, nicht nur bei der Redstone, sondern auch bei der Saturn. Im Mercuryprojekt bestand von Braun darauf, dass die von Chrysler gebaute Redstone nicht wie die Atlas zum Cape verschifft wurde, sondern zuerst nach Huntsville. Dort wurden sie nochmals eingehend überprüft. Es gab

Abbildung 23: Die Astronauten und von Braun bei einem Besuch des MSFC vor einem Strukturteil der Redstone

auch Probezündungen des Triebwerks. Er wollte dasselbe mit der Kapsel durchführen. Das wurde von der STG als zeitraubend und teuer kritisiert. Doch die Kritik verstummte schlagartig, als bei MR-1 die Rakete abhob und wieder landete, weil ein Kabel zu kurz war. Erst jetzt wurde vielen klar, dass es rund 800 Änderungen gegenüber dem Standardmodell der Redstone gab. Die mussten überprüft werden, bevor die Redstone startete.

Der erste Testflug der Redstone fand am 20.8.1953 statt. Am 3.5.1954 explodiert die dritte Redstone beim Start. Als General Toftoy fragt „Wernher, why did the rocket explode?“ wusste von Braun zunächst keine Antwort. Nach gründlicher Untersuchung stellte sich heraus, dass jemand bei der Fertigung geschlampt hatte. Von Braun antwortete Toftoy: „It exploded, because the damn son of a bitch blew up!“. Wernher von Braun lernte, dass die US-Produktion eine deutlich schlechtere Qualität ablieferte als das, was er in Deutschland von der A-4 gewohnt war. Er drängte bei Chrysler auf eine qualitativ bessere Arbeit und führte ein rigides Qualitätsmanagement ein. Das behielt er auch bei allen folgenden Trägern bei. Das Ziel war: „Maximum reliability will be achieved, when the target area of the missile becomes more dangerous, than the launching area.“.

Es erfolgte die Indienststellung der Redstone langsamer als bei den Nachfolgern. Die Produktion der Redstone begann erst 1955. Das lag daran das vorher die Sprengköpfe noch nicht verfügbar waren. Das erste Produktionsexemplar wurde 1956 getestet. Ab 1958 wurden die ersten Redstone in Deutschland stationiert. Die ersten 27 Exemplare wurden vom Redstone Arsenal hergestellt, die folgenden Produktionsexemplare von Chrysler in Michigan produziert. Da die Trägerrakete schnell als „veraltet“ eingestuft wurde, begann die Ausmusterung bereits im Jahre 1963 und war 1964 abgeschlossen. Insgesamt wurden 128 Redstone zwischen 1955 und 1960 produziert. 27 vom ABMA, 101 von Chrysler. Davon waren 85 Produktionsexemplare. Es erfolgten 37 Testflüge der militärischen Version, davon waren 27 erfolgreich.

Bei der militärischen Version der Redstone wurden zwei Atomsprengköpfe, mit 3,75 MT (erste Version) und 500 kT (zweite Version) eingesetzt. Die Reichweite mit dem 3.100 kg schweren 3,75 MT Sprengkopf betrug 322 km. Der kleinere und leichtere 500 kT Sprengkopf erreichte 800 km. Mit einer Sicherheit von 50 Prozent konnte ein Ziel in einem Kreis von 300 m Durchmesser getroffen werden. Allerdings war dies nur möglich, wenn ein Bataillon vor dem Abschuss seine genaue Position ermittelt hatte. Bei Errichtung von mobilen Startrampen war daher eine Vorbereitungszeit von rund acht Stunden erforderlich. Eigentlich konnte die Rakete innerhalb von 15 Minuten gestartet werden. Die Redstone war damit primär eine Erstschlagswaffe. Die höhere Treffgenauigkeit, verglichen mit ihren Nachfolgern, die bei 1,5 bis 2 km lagen, war nötig für den Einsatz auf dem Schlachtfeld.

Die Entwicklungskosten der Redstone betrugen 92,3 Millionen Dollar (Wert 1956). Die Produktionskosten eines Trägers beliefen sich auf 1,994 Millionen Dollar. Das entspricht 2018 einem Wert von 855 / 18,41 Millionen Dollar. Später wurden Redstones zu Jupiter-C oder Juno-Trägerraketen umgewandelt. Unter dieser Bezeichnung wurden die Träger für die Starts der Satelliten der Explorer Serie eingesetzt.

Danach wurden die Mercury-Kapseln suborbital mit den Redstone erprobt. Die Wahl fiel auf die Redstone, weil sie als erste entwickelte Mittelstreckenrakete die längste Einsatzhistorie hatte. Es gab bei Projektbeginn 69 Entwicklungsflüge, die zu 81 Prozent erfolgreich waren – 80 Prozent war der Zielwert der Atlas, die noch gar nicht entwickelt war. Die Bilanz des bei Mercury verwendeten Block II und der daraus abgeleiteten Jupiter-C war noch besser: Die letzten elf Block II Flüge und sechs der sieben Jupiter-C waren (was die Redstone anging) erfolgreich.

Es gab heftige Diskussionen zwischen den Ingenieuren der ABMA und der Space Task Group (STG). Es ging um den Begriff „man rated“ und die Auswirkungen auf die Konstruktion. Die Philosophie von Brauns war: Sicherheit durch „positive Redundanz“. Man nehme die erprobte Redstone und sichere die Systeme soweit es geht durch Redundanzen ab, z.B. die doppelte Anzahl an Ventilen, Beschleunigungssensoren etc. Ein sicheres Vehikel sollte so noch sicherer werden und es kann auf die Erfahrungen früherer Flüge aufgebaut werden.

Die STG verlangte „negative Redundanz“ – das Entfernen aller Systeme, die bei der Mercury-Mission nicht erforderlich waren. Dadurch meinte die STG, mögliche Probleme beseitigen zu können: Ein System, das nicht vorhanden ist, kann nach ihrer

Logik auch nicht ausfallen. Da das ABMA Teil der NASA war, wurde so verfahren. So musste die ABMA zahlreiche Änderungen an der Redstone durchführen. Doch Wernher von Braun behielt recht: Die Mercury-Redstone war dadurch praktisch eine neue Trägerrakete. Eine neue Trägerrakete mit neuen Kinderkrankheiten, die beim Serienexemplar längst ausgeräumt waren.

Der Einsatz der Mercury-Redstone verzögerte sich durch die Entscheidung für die „negative Redundanz". Es gab über 800 Änderungen. Der Zeitverzug beunruhigte die STG, die vor der Sowjetunion einen Mann ins All befördern wollte. Bedingt durch die Anpassungen traten neue Probleme auf, wie die Starts von MR-1 und MR-2 zeigten. Die Probleme bei diesen Starts waren direkt auf die von der STG gewünschten Änderungen zurückzuführen. So wurde ein weiterer Test angesetzt, genannt MR-BD. BD stand für „**B**ooster **D**evelopment". Diesen Test wollte die STG nicht, denn das Programm war im Rückstand. Wernher von Braun musste Gilruth und Kraft daran erinnern, dass die Sicherheit absolute Priorität hatte. Daher setzte er einen weiteren Testflug zur Verifikation der Korrekturen nach MR-2 durch.

Die Redstone kann als direkter Nachfolger der A-4 angesehen werden. Die Technologie der A-4 wurde graduell verbessert. Es gab nur wenige völlige Neuentwicklungen in der Rakete. Allerdings wurden die Leistungsdaten, z.B. das Schub-/ Gewichtsverhältnis des Triebwerks und der Strukturfaktor der Rakete, deutlich verbessert.

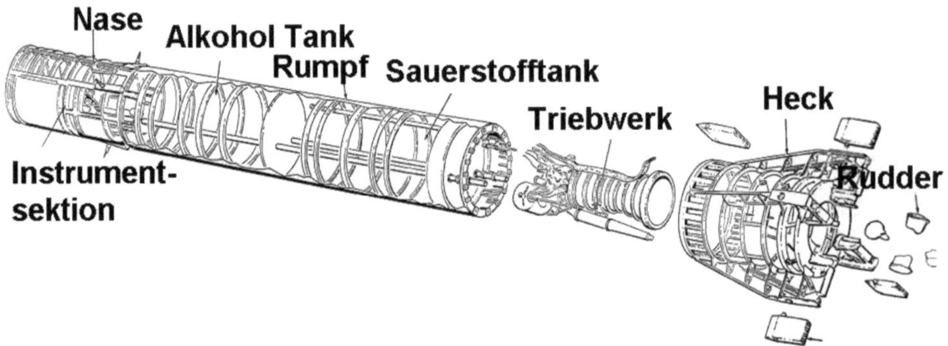

Abbildung 24: Aufbau der Redstone (ohne Sprengkopf) © NASA / Bernd Leitenberger

Das Triebwerk A-6 / A-7

Der Antrieb „A-6“ deutet schon auf die Verwandtschaft mit der A-4 hin. Es war die nächste Ziffer nach der A-5, einer verkleinerten Version der A-4 für Testflüge. Die US-Bezeichnung war „XLR43-NA“. Das Triebwerk stammte von North American. Doch es war kein amerikanischer Entwurf. Der Antrieb basierte auf dem letzten Entwicklungsexemplar „39a“ der A-4. North American bekam zwei A-4 Triebwerke zur Untersuchung und konnte auf die Unterstützung der Deutschen zurückgreifen. Die wesentlichen Konstrukteure waren Walther Riedel, Hans Huter, Rudi Beichel und Konrad Dannenberg. Dieter Huzel wurde dauerhaft bei North American eingestellt und stellte den Kontakt zum Team von Brauns her. Dadurch konnte North American auf zusätzliche Expertise zurückgreifen. Dannenberg verbesserte den bis Kriegsende entwickelten Einkammer-Einspritzkopf in den bis heute üblichen Einspritzkopf in Form eines „Duschkopfes“.

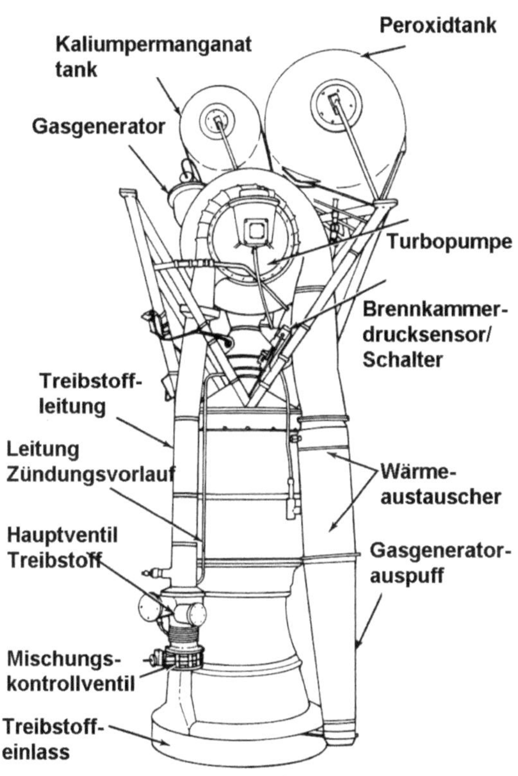

Abbildung 25: Aufbau des A-7 Triebwerks © NASA / Bernd Leitenberger

Nach dem Zwischenschritt eines Mark II Antriebs (ein Nachbau der A-4 Brennkammer mit US-Materialien und US-Standards) begann die Verbesserung. Die erste Version „Mark III“ sollte den gleichen Schub wie die A-4 liefern, aber das Triebwerk sollte 15 Prozent leichter werden. Dieses Modell war für den MX-770 Marschflugkörper vorgesehen. Es sollte ihn auf Überschallgeschwindigkeit beschleunigen, bevor sein Staustrahltriebwerk aktiv wird. Die Erhöhung der Reichweite der

MX-770 von 800 auf 1.600 km machte 1949 eine Erhöhung des Schubs von Mark III von 254 kN (dem Schub der A-4) auf 333 kN notwendig.

1949 waren die ersten Testmuster des „Mark III“ verfügbar. Die ersten Tests erfolgten noch druckgefördert, da die Turbopumpe noch nicht entwickelt war. Doch schon bei 10 Prozent Schub zeigte sich eine Oszillation, die bis zur Explosion des Triebwerks führen konnte. Die berüchtigten Verbrennungsinstabilitäten traten auf. Walter Riedel verbesserte das Design. Dadurch hörten die Druckschwankungen im Betrieb ohne Turbopumpe auf. Im März 1950 lief das Triebwerk erstmals über eine Minute mit vollem Schub. Parallel machte auch die Entwicklung der Turbopumpe

Abbildung 26: A-7 Triebwerk

Fortschritte. Im März erreichte das erste Exemplar von Mark III mit einer Turbopumpe 12,3 Prozent der nominalen Leistung. Im Oktober 1950 konnte erstmals der volle Schub von 310 kN über 5 s erreicht werden.

Im November traten, durch die höheren Drücke mit die Turbopumpe, erneut Verbrennungsinstabilitäten auf. Nur einmal bei sieben Tests wurde der volle Schub erreicht. North American konnte das Problem aber lösen. Im August 1950 beschloss die Air Force, die Reichweite der MX-770, die nun als „SM-64 Navaho" bezeichnet wurde, auf 10.200 km zu erhöhen. Dafür wurde ein Triebwerk mit 510 kN Schub benötigt. Damit kam das Mark III als Antrieb für die Navaho nicht mehr infrage, denn auf diesen Schub war das Triebwerk nicht steigerbar.

Mittlerweile hatte die Army von Braun den Auftrag erteilt, die Redstone zu entwickeln. Natürlich griff von Braun auf das bereits entwickelte Triebwerk von North American zurück. Später gliederte North American seine Abteilung für Raketentriebwerke aus und nannte sie „Rocketdyne". Ihr erstes Produkt war das nun A-6 benannte Mark III Triebwerk. Verglichen mit dem Serienmodell der A-4 (mit 18 Vorbrennkammern im Injektor), konnte die Leermasse von 1.126 auf 658 kg gesenkt und der Schub um 34 Prozent gesteigert werden. Das Schub-/Gewichtsverhältnis stieg um sensationelle 300 Prozent. Allerdings setzten die Serienexemplare der A-4 nicht die aktuellste Technik ein. Sie verwendeten die robusteste und bewährte Technik. Den Injektor 39a ohne 18 Vorkammern zur Vermischung des Treibstoffs hatte die Reichswehr im Krieg schon entwickelt. Er kam aber nicht mehr in den „Vergeltungswaffen" zum Einsatz.

Das A-6 Triebwerk verbrannte Ethanol mit flüssigem Sauerstoff. Die Verwendung von 75 Prozent Ethanol ging auf die frühen Versuche von Wernher von Braun mit Treibstoffen zurück. Außerdem konnte Ethanol während des Krieges leichter beschafft werden als Kerosin. Die Mischung wird bei der Destillation von Rohalkohol aus Gärungsprozessen gewonnen. Mehr als 80 Prozent Ethanol erhält man nur durch eine mehrstufige Destillation, was die Produktionskosten deutlich erhöht.

Verglichen mit dem bei späteren Trägern eingesetzten Kerosin ist der Energiegehalt von Ethanol geringer. Reiner Ethanol liefert bei der Verbrennung mit Sauerstoff 29,8 kJ/g, Kerosin dagegen 46 kJ/g. Der Wasseranteil von 25 Prozent im Treibstoff senkte den Energiegehalt nochmals. Das Wasser hatte aber den Vorteil, die Verbrennungstemperaturen zu begrenzen. Dies war notwendig, da das Triebwerk noch nicht aus einzelnen Kühlkanälen bestand, sondern eine Doppelwandkonstruktion war. So erhitzte sich die Wand stärker als bei späteren Konstruktionen. Weiterhin ist Wasser ein sehr gutes Kühlmittel mit einer hohen Wärmekapazität. Aufgrund der Weiterentwicklung aus dem bewährten A-4 Triebwerk blieb Rocketdyne beim Ethanol. Für das nächste Triebwerk für die Jupiter, wechselte Rocketdyne dann auf Kerosin/Sauerstoff.

Das Triebwerk A-6 hatte anfangs einen Schub von 333 kN, etwas mehr als das A-4 Triebwerk mit 250 kN Schub. Es verwendete wie die A-4 vier Strahlruder aus Graphit. Sie ragten in den Abgasstrahl des fest montierten Triebwerks hinein und kontrollierten durch Schrägstellen den Schubvektor in zwei Raumachsen. Dadurch gibt es einen Schubverlust durch die Strahlruder im Abgasstrahl. Er betrug beim A-6 rund 2 Prozent. Die nächste Generation von Raketen erhielt hydraulisch schwenkbare Triebwerke.

Abbildung 27: Eine Redstone vor einem Teststart am Cape. Im Hintergrund eine Jupiter

Da die Schubvektorsteuerung erst bei einer gewissen Geschwindigkeit wirksam ist, gab es kleine Steuerflossen am Heck. An ihnen waren Düsen befestigt, durch die das Abgas des Gasgenerators expandiert wurde. Mit den Düsen konnte sich die Rakete drehen und neigen. Es verzichtete das ABMA auf eine aerodynamische Stabilisierung durch die großen Heckflossen der A-4. Sie hätten nicht ausgereicht. Die A-4 hatte schon in 13 km Höhe Brennschluss, die Redstone dagegen erst in 30 km Höhe. Dort ist die Atmosphäre so dünn, dass sie keine Kräfte mehr auf die Rakete ausübt.

Der Schubrahmen aus vier Röhren übertrug den Schub auf die mittlere Sektion mit den Tanks. Die Wandstärke der Verkleidung um den Schubrahmen aus 5052 Aluminium betrug 3,2 mm.

Der Gasgenerator wurde durch die Zersetzung von Wasserstoffperoxid angetrieben. Das Abgas der Turbine wurde an der Düsenmündung den Abgasen zugesetzt. Für den Gasgenerator befanden sich 72 Gallonen (270 l) Wasserstoffperoxid an Bord. Kaliumpermanganat forciert die autokatalytische Zersetzung von Wasserstoffperoxid. Dadurch entsteht ein heißes Gasgemisch aus Wasserdampf und Sauerstoff. Dieses Gas trieb die Turbine an und die Turbine wiederum die Pumpen, welche die Treibstoffe in die Brennkammer förderten. Auch andere frühe Träger nutzten Wasserstoffperoxid, um die Turbine abzutreiben. So z. B. auch die russische R-7, welche den Sputnik startete. Das System wurde von der A-4 übernommen.

A-7 Triebwerk (Block II, Juno Version)	
Gewicht:	658 kg
Durchmesser:	1,77 m
Schub:	369,1 kN (Meereshöhe Jupiter-C) / 416,2 kN (Vakuum) 349,5 kN (Redstone Block II Version Meereshöhe) 336 kN (Redstone Block I, Version Meereshöhe)
Maximale Brenndauer:	155 s, 143 s bei einer Mercury-Redstone
Rotationsgeschwindigkeit Turbine:	4.800 U/min, qualifiziert für 6.600 U/min
Leistung Turbine	580 kW
Eingangsdruck Turbine:	1,4 bar
Brennkammerdruck:	26,5 bar
Treibstoffe:	LOX und Ethanol (Redstone Block I+II, Mercury Redstone) LOX und 60 Prozent UDMH und 40 Prozent Diethylenamin (Jupiter-C / Juno I)
Spezifischer Impuls (Boden/Vakuum)	2.166 / 2.400 m/s (Alkohol) 2.400 / 2.600 m/s UDMH / DEA
Gasgenerator:	Verbraucht 0,58 kg Wasserstoffperoxidmischung pro Sekunde (75 Prozent Wasserstoffperoxid, 25 Prozent Wasser), Gesamtvorrat 270 l

Die Kühlung der Brennkammer erfolgte durch den Ethanol. Es war eine einfache doppelwandige Konstruktion. Der durchströmende Treibstoff verhinderte ein Durchbrennen der Brennkammer, bevor er oben in den Einspritzkopf eintrat. Die

Zündung erfolgte durch einen 10 s dauernden Zündfunken. Dazu wurde zuerst das Sauerstoffventil geöffnet und Alkohol aus einem separaten Starttank hinzugegeben. Nach der Zündung wurde das Ventil zum Alkoholtank geöffnet. Bei Temperaturen über 1,7 °C wurde Wasser aus einem 10 Gallonen (37,8 l) fassenden Tank hinzugegeben, damit die Brennkammertemperaturen nicht zu schnell ansteigen. Bei niedrigeren Temperaturen wurde der Alkoholstarttank mit einem Volumen von 20 Gallonen (75,7 Liter) mit Lithiumchlorid versetzt, das den Gefrierpunkt herabsetzte. Die Rückkopplung des Brennkammerdrucks steuerte den Treibstofffluss. So blieben Brennkammerdruck und Schub konstant. Der Brennschluss wurde nach einer vorgegebenen Zeit durch einen Zeitgeber ausgelöst. Bei der ersten Version betrug die maximale Brennzeit 117 s. Die Triebwerkssektion war 2,81 m lang.

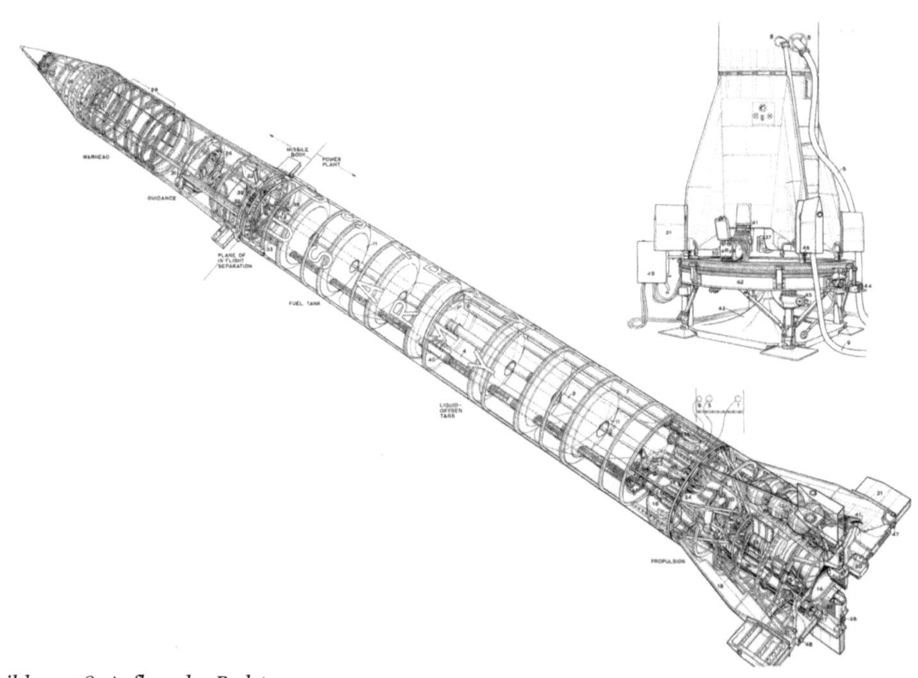

Abbildung 28: Aufbau der Redstone

Aufbau

Die Rakete bestand aus drei Teilen: Dem Kopf (als „Nase“ bezeichnet) mit dem Sprengkopf und der darunter liegenden Steuerung, den beiden Treibstofftanks im Rumpf und der Hecksektion mit dem Schubrahmen und Triebwerk. Eine Verbesserung gegenüber der A-4 war, dass nur die Nase den Wiedereintritt überstehen musste. Die A-4 war massiver aufgebaut, da die ganze Rakete den Wiedereintritt in die Atmosphäre mit fünffacher Schallgeschwindigkeit absolvierte. Dadurch konnte die Zelle der Redstone bedeutend leichter werden. Nur die Nase bestand aus 2,3 mm dickem Edelstahl, der Rest der Rakete war aus Aluminium. So wurde das Leergewicht gesenkt. Die Nase mit der Instrumentensektion war an acht Stellen mit dem Sprengkopf verbunden. Diese Bolzen waren fest verschraubt. Die Instrumentensektion mit der Steuerung blieb nach der Abtrennung von der Rakete mit dem Sprengkopf verbunden. Die Nase war 3,55 m lang. Zusammen mit dem Sprengkopf, den Flossen zur Stabilisierung und dem Instrumententeil ergab sich eine Gesamtlänge von 11,40 m.

Die Nase war mit dem Rumpf durch sechs Verbindungsbolzen verbunden, die 20 bis 25 s nach Brennschluss durch pyrotechnische Sprengsätze durchtrennt wurden. Beim Wiedereintritt stabilisierten kleine Flossen die Nase. Es traten Temperaturen von bis zu 538 °C und ein Druck von 6,8 bar auf.

Gegenüber der A-4 wurde die Steuerung verbessert. So wurde eine höhere Zielgenauigkeit erreicht. Deswegen enthielt sie in einer mit Gummi druckdicht versiegelten Instrumenteneinheit ein Inertiallenksystem. Es basierte auf einer Kreiselplattform des Typs ST-80 und Beschleunigungsmessern. Der Großteil des Flugprogramms war auf einem Magnetband gespeichert. Es konnte durch direkte Eingaben vor dem Start ergänzt werden. Das Steuerungssystem arbeitete mit Relais, die batterieverstärkt die Pneumatik und Motoren betätigten. Der Bordcomputer war ein analoges Modell mit einer Feedbacksteuerung. Derartige Systeme hatte Deutschland gegen Ende des Zweiten Weltkriegs entwickelt. Doch die serienmäßige Steuerung der V-2 basierte noch auf dem wesentlich weniger genauen Funkleitstrahl. Entsprechend groß war der Sprung in der Zielgenauigkeit durch Einführung des Inertialsystems.

Weiterhin gab es weniger Störeinflüsse, die auf die Rakete einwirkten, denn sie hatte kleinere Leitflossen. So hatte die Atmosphäre (sowohl beim Start wie auch beim Wiedereintritt) weniger Fläche, um sie vom Kurs abzulenken. Da die Temperaturen in der Instrumenteneinheit 60 Grad Celsius nicht überschreiten durften, wurde sie aktiv gekühlt. Es gab mehrere Systeme. Anfangs war es Eis in einem abwerfbaren Tank, dann eine elektrische Kühlung mit Sublimationsverdampfung (Wasser wurde an der Außenseite verdampft und die dabei mitgenommene Energie kühlte das restliche Wasser stark ab). Zuletzt wurde Stickstoff-Druckgas dafür genutzt. Das war notwendig, da die Instrumenteneinheit eine Leistungsaufnahme von 3,5 kW hatte und entsprechend viel Abwärme erzeugte.

Die Nutzlastsektion wog je nach Gewicht des Sprengkopfs bis zu 7.900 Pfund (3.584 kg). Eingesetzt wurden zwei Sprengköpfe mit 500 kT und 3.750 kT TNT-Äquivalent. Sie konnten am Boden (beim Einschlag) oder in der Luft (durch Drucksensoren) gezündet werden.

Der Rumpf, der zentrale Teil der Redstone, enthielt einen Treibstofftank mit einem gemeinsamen Zwischenboden. Er war mit 25.000 Pfund (11.340 kg) flüssigem Sauerstoff und 19.000 Pfund (8.618 kg) Ethanol gefüllt. Das Tankvolumen betrug bei der Mercury-Redstone 12.673 l für den Alkohol und 11.728 l für den Sauerstoff. Der gemeinsame Zwischenboden und die Leitungen für den Alkohol, die durch den Sauerstofftank führten, waren mit Glaswolle isoliert. Die Tankdome waren für einen Berstdruck von 6,2 Bar ausgelegt. Schon bei 2,24 Bar öffneten sich Überdruckventile, die den Überdruck entließen.

Es gab einen Entwicklungssprung zur A-4. Sie setzte noch nicht tragende Tanks in einer äußeren, tragenden Hülle ein. Die Wände beim Alkoholtrank waren nur 1,6 mm stark, 2,0 mm waren es beim Sauerstofftank. Verwendet wurde die Aluminiumlegierung 5052. Die Tanks hatten eine Belastungsgrenze von 1,35-facher Normbelastung (militärische Version: Faktor 1,25). Sie waren mit Querringen verstärkt. Die Hecksektion wurde mit Springern (Längsversteifungen) verstärkt. Die Druckbeaufschlagung beim Sauerstofftank erfolgte durch den verdampfenden Sauerstoff. Beim Ethanoltank wurde Druckluft eingesetzt. Mit Druckluft wurden auch die Ventile betätigt und der Rumpf nach dem Brennschluss auf Distanz zur

Nase gebracht. Dafür gab es im Heck Druckgasflaschen mit einem Anfangsdruck von 211 bar. Der Druck im Treibstofftank betrug nominell 1,4 bar. Beim Sauerstofftank lag er bei 2,1 bar.

Zur Druckbeaufschlagung des Sauerstofftanks führte man eine kleine Leitung am Auspuff für das Turbinenabgas entlang. Dadurch verdampfte etwas Sauerstoff. Das Sauerstoffgas wurde zur Druckbeaufschlagung zurück in den Tank geführt. Druckventile verhinderten einen Überdruck. Die Rumpflänge betrug bei der Mittelstreckenrakete 9,72 m. Bei den Exemplaren mit verlängerten Tanks, wie die Mercury-Redstone oder Jupiter-C / Juno I, lag sie bei 11,37 m.

Das Stromversorgungssystem bestand aus Batterien, die 28 V Gleichstrom abgaben. Vor dem Start versorgte ein Dieselgenerator die Rakete mit Strom. Er erzeugte 120 V Wechselstrom mit 60 Hz. Ein Inverter in der Instrumentensektion transformierte beide Quellen in die von der Elektronik genutzte 115 V Wechselspannung mit einer Frequenz von 400 Hz.

Teil der Mercury-Redstone	Gewicht	Länge
Nasensektion:	187,4 kg	3,55 m
Mittelteil:	752,5 kg	11,43 m davon Alkoholtank: 5,73 m, davon LOX-Tank: 5,13 m
Triebwerkssektion:	409,4 kg	2,83 m
Ballast:	223 kg	
Dämpfungskomponenten:	200,5 kg	
Schild gegen zurückgeworfene Gase:	7 kg	
Redstone gesamt:	1.784 kg	
Mercurykapsel und Zusatzsysteme:	1.928,7 kg	7,56 m
Davon Adapter:	57 kg	
Davon Kapsel:	1.302,8 kg	
Davon Fluchtturm:	472,3 kg	
Davon Steuerung und Telemetriesysteme:	43,8 kg	

Evolution

Die erste Version der Redstone wurde bald durch das Block II Design abgelöst. Sein A-6 Triebwerk hatte einen Bodenschub von 78.000 Pfund (347 kN). Das erste Modell hatte noch einen Bodenschub von 75.000 Pfund. Ansonsten war das Block II Modell identisch zur ersten Version. Später entstand die „Jupiter A" aus der Redstone Block II. Die Redstone wurde unter der Bezeichnung „Jupiter-A" genutzt, um die Steuerung und Lenkung der Jupiter Mittelstreckenrakete zu erproben. Zudem wurden Verbesserungen der Redstone, die für die Produktionsexemplare vorgesehen waren, mit der Jupiter-A erprobt. So hatten die ersten Exemplare der Redstone nur eine Länge von 19,20 m und eine Brennzeit von 110 s. Die Produktionsexemplare von Block II hatten dank des stärkeren Triebwerks eine Länge von 21,00 m und eine Brennzeit von 123 s.

Es gab elf Testflüge der Jupiter A. Zweimal wurde dabei ein Atomsprengkopf in rund 70 bis 80 km Höhe zur Detonation gebracht. Dabei wurde ein elektromagnetischer Impuls erzeugt, der Elektronik über weite Distanzen empfindlich stören oder sogar beschädigen konnte.

Die Jupiter-C/Juno I war eine Redstone, bei der der Treibstoff Ethanol durch Hydine, eine Mischung aus 60 Prozent UDMH und 40 Prozent Diethylenamin ersetzt wurde. Zusammen mit dem verbesserten A-6 Triebwerk war es möglich, die Treibstofftanks um 1,65 m zu verlängern. Der neue Treibstoff hatte einen höheren spezifischen Impuls. Dadurch stieg der Schub auf 370 kN an.

Zudem entfiel der schwere Sprengkopf. Diese Version bekam den Namen „Jupiter-C", als Abkürzung für „Jupiter Composite Reentry Test Vehicle". Die Rakete wurde mit Feststoffoberstufen ausgerüstet, um Materialproben der Wiedereintrittsköpfe für ICBM auf hohe Geschwindigkeiten zu beschleunigen. Die Tests fanden ab 1956 statt. Schon der erste Start stellte einen neuen Rekord auf: Die Flugweite betrug 3.354 km, die maximale Höhe 684 km. Die Jupiter-C wurde auch zum Start von Explorer 1 eingesetzt und dort Juno I genannt. Sie wurde als Satellitenträger um ein Bündel von Recruit-Feststoffoberstufen ergänzt.

Das Mercury Programm verwendete eine Mischform aus Block II und Jupiter-C. Aufgrund der Zuverlässigkeit des Redstone Block II Designs wurde dieses von der STG bevorzugt. Die Block II Redstone wies aber eine zu geringe Performance auf. Daher wurde das Block II Triebwerk mit den verlängerten Treibstofftanks der Jupiter-C kombiniert. Das war möglich, weil die Mercury Kapsel nur 1,3 t wog. Die Redstone war aber für den Transport eines 3,7 t schweren Sprengkopfs ausgelegt. Außerdem war die Giftigkeit von Hydine ein Problem für bemannte Einsätze.

Die Tanks der Mercury-Redstone wurden um 2,44 m verlängert. Damit stieg die Brennzeit um 20 s an. Aufgrund der veränderten Masseverteilung bekam diese Version zusätzlichen Ballast im Kopfteil, um eine zu hohe Lastspitze beim Durchfliegen der maximalen aerodynamischen Belastung zu vermeiden. Anfangs wurden 314 kg Ballast zugeladen. Später wurde die Menge auf 221 kg reduziert.

Die Mercury-Redstone bekam die neue LV-3 Steuerplattform anstatt der ST-80. Sie war einfacher und zuverlässiger. Alle strukturellen Teile wurden mit einem Sicherheitsfaktor von 1,35 beaufschlagt (10 Prozent mehr als bei der militärischen Version). Es gab keine Trennung zwischen Körper und Nase, da diese nicht abgetrennt wurde. Insgesamt wurden 800 Änderungen gegenüber der ursprünglichen Redstone vorgenommen.

Die Mercury-Redstone startete wie die militärische Version direkt vom Boden aus. Es gab keine Startplattform und keine Fixierung. Die Rakete hob ab, wenn das Triebwerk 85 Prozent des Nennschubs erreichte. Das war 0,8 s nach der Zündung. Sie konnte die Mercury-Kapsel auf eine ballistische Bahn mit einer Gipfelhöhe von 190 km bringen. Das Raumschiff landete dann 480 km vom Cape entfernt. Die Kapsel sollte auf eine Geschwindigkeit von mindestens 6.000 ft/s (1.830 m/s) beschleunigt werden.

Es gab zu Programmbeginn die Idee, die Redstone zu bergen. Ein Fallschirm hätte sich, gesteuert durch einen Beschleunigungsmesser (mit einer Zeitschaltuhr als Backup), geöffnet. Dies sollte bei einer Geschwindigkeit von 100 bis 120 m/s erfolgen. Der erste Fallschirm von 5,18 m Durchmesser verlangsamte die Redstone und stabilisierte ihre Lage. Gesteuert durch einen Drucksensor, sollten sich in einer

Höhe von 1.600 m die drei Hauptfallschirme mit einem Durchmesser von jeweils 26,5 m öffnen. Die Redstone würde mit dem Triebwerk voraus, mit einer Geschwindigkeit von maximal 12,2 m/s, wassern. Das entspricht dem Fall aus 7,5 m Höhe. Für die Bergung sollte zwischen Redstone und Mercurykapsel ein Ring mit sechs Innenverstrebungen angebracht werden. In dem würden die Fallschirme und andere Systeme untergebracht. An den Speichen des Rings kann eine Bergungsmannschaft die Redstone an einem Schiff fixieren.

Diese Bergung wurde sogar erprobt. Eine vier Jahre alte Redstone wurde so umgebaut, das sie den Mercury-Redstones in Gewicht und Gewichtsverteilung glich. Diese Rakete wurde in mehreren Konfigurationen, mit leeren Tanks, teilgefüllten Tanks und mit oder ohne Innendruck in einen Wassertank fallen gelassen. Es gab leichte Beulen im Alkoholtank, der jedoch druckdicht blieb und einige Risse in der Hecksektion. Beides war einfach zu reparieren. Ebenso wurde das Bergen einer Redstone vor der Küste Virginias mit einem Landungsschiff erprobt. Die Redstone konnte in 80 km Entfernung durch das Radar detektiert und in 16 km Distanz der genaue Ort bestimmt werden. Schlussendlich kam es aber nicht zur Bergung. Der STG war eine „benutzte“ Rakete zu unsicher. So wurde auch die Redstone, die bei MR-1 nur kurz abgehoben hatte, nicht erneut eingesetzt. Stattdessen wurde sie zur Ersatzteilgewinnung verwendet.

Eine Redstone wurde vor dem Start intensiven Tests unterzogen. Zuerst flog sie vom Hersteller Chrysler in Michigan nach Huntsville. Dort wurde sie mit deutscher Gründlichkeit überprüft. Den Abschluss bildete eine Zündung des Triebwerks. Erst danach wurde sie zum Cape geflogen. Dort fanden vor dem Countdown weitere Tests statt. Sie gipfelten in einem Probecountdown und der Simulation des Flugs.

Der Countdown hatte zwei Phasen. Eine von -640 Minuten bis -390 Minuten. In der Phase wurde vor allem geprüft, ob die Infrastruktur am Cape, wie Radar, optische Verfolgung, Empfangsstationen für die Telemetrie etc. bereit war. Dazu kamen grundlegende Funktionschecks der Hardware, vor allem der Instrumentenplattform. Dieser Teil konnte auch einen Tag vor dem Start erfolgen. Bei -390 Minuten gab es immer eine Pause. Musste eine Rakete enttankt werden, so war ein Start erst nach 48 Stunden wieder möglich.

Der eigentliche Countdown für die Redstone begann 390 Minuten vor dem Abheben. Der Astronaut betrat 123 Minuten vor dem Abheben den White Room an der Kapsel. Unmittelbar danach erfolgte der Einstieg. 105 Minuten vor dem Abheben wurde der Druckanzug auf Dichtigkeit geprüft. 95 Minuten vor dem Abheben wurde die Kabine ein letztes Mal inspiziert, ob alles vorhanden und richtig befestigt war. 90 Minuten vor dem Abheben wurde die Luke fixiert. Nun wurde die Luft in der Kapsel durch reinen Sauerstoff ersetzt. 75 Minuten vor dem Start wurde ein Test des Raumschiffs auf Druckdichtigkeit durchgeführt. Inzwischen war auch die Luke fest installiert. Danach wurde der Serviceturm mit dem White Room zurückgefahren. Das war 60 Minuten vor der Zündung abgeschlossen. 45 Minuten vor dem Start verließen die letzten Arbeiter die Startrampe.

Übersicht über die verschiedenen Redstone Versionen					
	Redstone	**Redstone Block II**	**Jupiter-C / Juno I**	**Mercury Redstone**	**Redstone-Sparta**
Länge:	21,00 m	21,30 m	21,72 m	25,27 m	21,80
Länge Redstone:	16,00 m	16,00 m	17,62 m	19,00 m	16,00 m
Maximaler Durchmesser:	177,8 cm	177,8 cm	177,8 cm	177,8 cm	177,8 cm
Startgewicht:	27.800 kg	27.800 kg	30.000 kg	29.900 kg	24.500 kg
Nur Redstone:	24.220 kg	24.220 kg	28.340 kg	28.086 kg	22.800 kg
Treibstoff:	8.527 kg Ethanol	8.618 kg Ethanol	8.956 kg Hydine	9.908 kg Ethanol	8.527 kg Ethanol
Oxidator:	11.340 kg LOX	11.340 kg LOX	15.440 kg LOX	13.076 kg LOX	11.340 kg LOX
Wasserstoffperoxid:	358 kg	358 kg			
Druckluft:	59 kg	59 kg			
Trockengewicht:	7.484 kg	7.484 kg	5.550 kg	6.916 kg	
Nur Redstone:	3.904 kg	3.904 kg	3.890 kg	4.043 kg	3.140 kg
Bodenschub:	333 kN	347 kN	370 kN	350 kN	333 kN
Vakuumschub:	369 kN	384 kN	417 kN	388 kN	369 kN
Brennzeit:	123 s	117 s	155 s	143 s	123 s
Triebwerk:	A-6	A-6-II	A-6-II	A-6-II	A-6
Nutzlast:	3.580 kg		20 kg	1.814 kg	45 kg
Spez. Impuls Boden:	1917 m/s	2.070 m/s	2.305 m/s	2.166 m/s	1917 m/s
Spez. Impuls Vakuum:	2.280 m/s	2.293 m/s	2.600 m/s	2.400 m/s	2.280 m/s
Starts:	37		10	6	10

Es gab fünf Starts der Mercury-Redstone. Beim ersten Start MR-1 am 21.11.1960 hob die Rakete zunächst ab. Nachdem die Redstone 10 cm Höhe erreicht hatte, schaltete sich das Triebwerk ab und sie fiel zurück auf die Startplattform. Dabei wurden die Finnen verbogen. Trotzdem stand die Rakete stabil. Zumindest funktionierte der Rettungsturm – er sollte ausgelöst werden, wenn die Rakete vorzeitig Brennschluss hatte. Das war der Fall. Die Ursache war auf einer der Änderungen zurückzuführen. Es gab zwei Kabel zur Missionskontrolle, ein Datenkabel und ein Stromversorgungskabel. Bei der originalen Redstone ist das Datenkabel kürzer und wird beim Abheben zuerst abgetrennt. Damit sollte sichergestellt werden, dass beim versehentlichen Abfallen des Datenkabels die Stromversorgung erhalten bleibt. Das belässt die Rakete in einem sicheren Zustand, damit Techniker an ihr arbeiten können. Für Mercury wurden die Kabel ausgewechselt. Nun war das Stromkabel einen Zoll (25,4 mm) kürzer und wurde zuerst abgetrennt. Das löste den vorzeitigen Brennschluss des Triebwerks aus.

Die mit einem neuen Träger angesetzte Ersatzmission MR-1A war am 10.12.1960 erfolgreich. Beim Flug MR-2, gestartet am 31.1.1961, wies die Redstone eine zu hohe Leistung auf. Dadurch flog die Kapsel 212 km weiter als geplant. Der Schimpanse Ham war deswegen hohen Beschleunigungskräften ausgesetzt, die für einen Astronauten gefährlich waren. Ursache war ein sich durch Schwingungen zu weit öffnendes Ventil. Auch eine Änderung bei der Auslösung des Fluchtturms nach dem MR-1 Vorfall war schuld. Da die Logik von einem vorzeitigen Brennschluss ausging, wurde der Fluchtturm zusätzlich ausgelöst und beschleunigte das Raumschiff noch mehr.

Das führte zu einem weiteren Testflug MR-BD (BD für **B**ooster **D**evelopment), bei dem die Struktur versteift wurde um Schwingungen zu reduzieren. Das beim letzten Flug defekte Ventil, das zu einer zu hohen Förderleistung der Turbopumpe (und damit zu hohem Schub) führte, wurde durch eine neue Konstruktion ersetzt. Dieser Flug am 24.3.1961 war erfolgreich.

Die folgenden Flüge erfolgten dann bereits bemannt. MR-3 brachte am 5.5.1961 Alan Shepard auf eine suborbitale Bahn, gefolgt von Gus Grissom an Bord von MR-4 am 21.7.1961. Da weitere Flüge nur eine Wiederholung der bisherigen Flüge waren, wurde das Mercury-Redstone Programm im August 1961 vorzeitig terminiert. Anders als bei der Atlas und Little Joe waren alle Flüge erfolgreich, wenn auch MR-2 eine „Überperformance“ aufwies.

Die ausgemusterten militärischen Redstone Block II Kurzstreckenraketen wurden ab 1964 für verschiedene Tests eingesetzt. Umgebaute Redstones wurden für Antisatellitentests in Australien genutzt. Bei diesen Tests blieb einer von zehn Trägern übrig. Australien nutzte diese Redstone, zusammen mit zwei festen Oberstufen, am 29.11.1967 zum Start des ersten australischen Satelliten Wresat (Siehe Band „Internationale Trägerraketen", S.551).

Die Redstones brachten somit den ersten Amerikaner ins All und starteten die ersten Satelliten der USA und Australiens. Die Fertigung und Modifikation von acht Redstone für das Mercury Programm kostete 20,1 Millionen Dollar. Davon wurden sechs benutzt und fünf gestartet (das nur 10 cm hoch geflogene Exemplar vom MR-1 wurde zur Ersatzteilgewinnung verwendet). Die Redstones selbst kosteten nur 13,78 Millionen Dollar. Der Rest entfiel auf Tests und die Startdurchführung. Alle Starts fanden von Pad 5 des CCAF aus statt. Von ihm wurden auch die Pioneer 3+4 Mondsonden gestartet. Die Mercurystarts waren die letzten Starts von Pad 5 aus. Alle Starts finden sie in der Auflistung auf S.141.

Abbildung 29: Redstone vor einem Orbitalstart im Service Tower

Abbildung 30: Juno I mit Beacon 1 vor dem Start

Referenzen:

The Mercury Redstone Project NASA TMX-53107
MR-4 Press Kit NASA N-63 – 86127
MR-1A Press Kit NASA X-64 – 80059
Memorandum on Mercury-Booster Problems X64 80705
NASA X-63 – 82014: Juno Final Report Volume I

Datenblatt Redstone	
Einsatzzeitraum: Starts: Zuverlässigkeit: Abmessungen: Startgewicht: Max. Nutzlast:	1958 – 1967 7 orbitale Einsätze, davon drei Fehlstarts 5 suborbitale Starts, davon kein Fehlstart 75 Prozent erfolgreich 25,27 m Höhe mit Mercurykapsel und Fluchtturm, 1.78 m Durchmesser Rakete, 3,56 m mit Finnen 29.900 kg 1.814 kg (als Satellitenträger: 45 kg)
	Redstone
Länge:	19,00 m
Durchmesser:	1,78 m, Spannweite: 3.56 m
Startgewicht:	28.078 kg
Trockengewicht:	4.044 kg
Schub Meereshöhe:	350 kN
Schub Vakuum:	385 kN
Triebwerke:	1 × A-7
Spezifischer Impuls (Meereshöhe):	2.166 m/s
Spezifischer Impuls (Vakuum):	2.400 m/s
Brenndauer:	143 s
Treibstoff:	Alkohol (75 Prozent) / flüssiger Sauerstoff

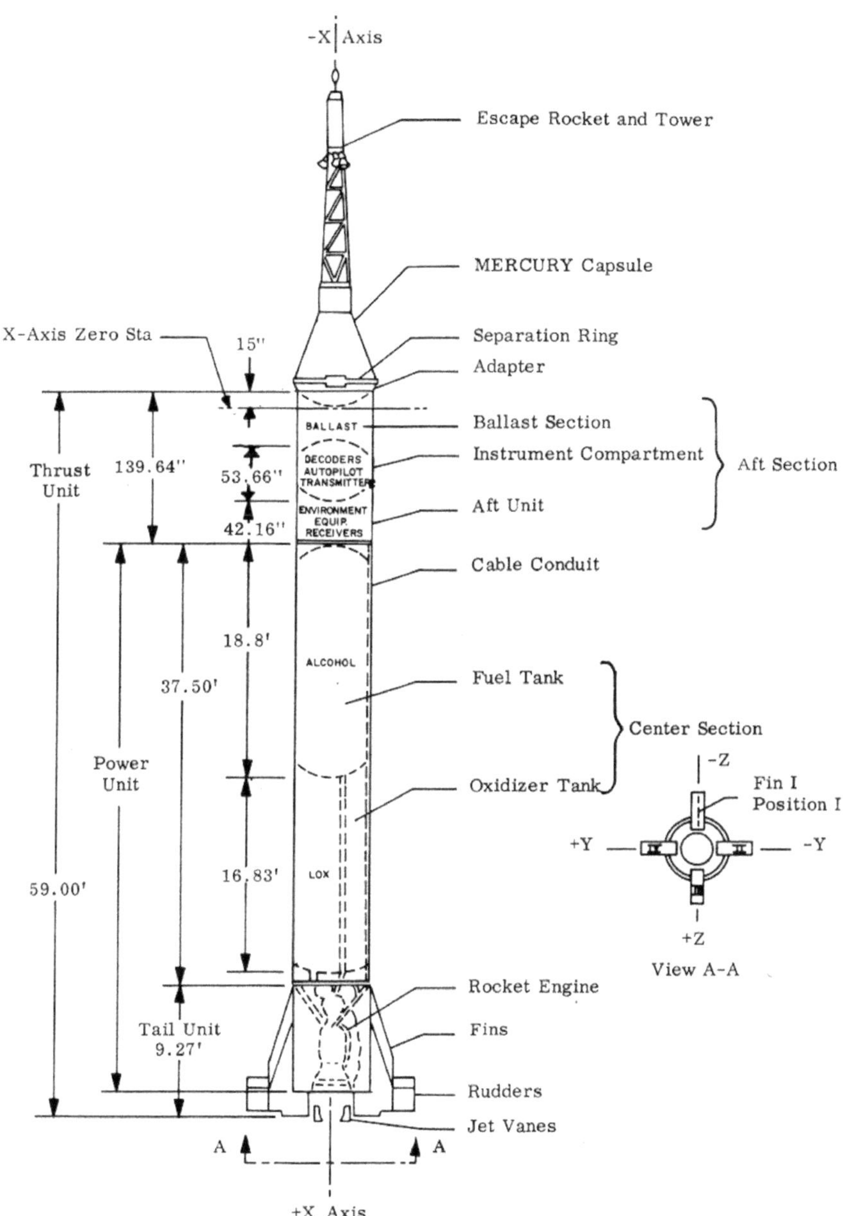

Abbildung 31: Aufbau der Mercury Redstone

Abbildung 32: Der Fluchtturm löst bei Mercury Redstone MR-1 aus

Abbildung 33: Start von Mercury Redstone MR-3 am 5.5.1961 mit Alan Shepard

Juno I / Jupiter-C

Die Geschichte des ersten Satelliten der USA, Explorer 1 ist mit der Geschichte der Vanguard verknüpft. Die US-Regierung, vertreten durch den stellvertretenden Verteidigungsminister Quarles legte fest, das das Navy Projekt Vanguard den Vorzug bekam. Das war auch die Mehrheitsmeinung des Steward-Ausschusses, dass die drei Vorschläge für einen Satellitenstart prüfen sollte, aber es war kein einstimmiges oder auch nur eindeutiges Urteil. Die US-Army für die Wernher von Braun arbeitete, war verärgert. Sein Vorgesetzter, General Medaris nannte die Entscheidung „Zeitverplemperei", Kapitän Hoover verstand nicht, wie man „eine Blaupause eines bleistiftförmigen Fluggerätes" den vollständig ausgearbeiteten Konstruktionszeichnungen, die er stapelweise einsehen konnte, vorzog.

Die Vorgeschichte von Vanguard / Project Orbiter findet sich auf S.54. Schon vorher, am 15.9.1954 informierte das Army Ordnance Missile Laboratories (Redstone Arsenal) das Verteidigungsministerium darüber, dass es die Redstone soweit umrüsten könnte, dass sie einen kleinen Satelliten in den Orbit befördern kann. Daraus wurde der gemeinsamer Army-Navy-Vorschlag „Project Orbiter", der am 20.1.1955 vom Verteidigungsminister genehmigt wurde. Es unterlag im Mai aber im Ausschuss dem Vanguard-Projekt. Der Vorsitzende Homer J. Steward konnte sich in seinem eigenen Ausschuss nicht durchsetzen und suchte nach Wegen, trotzdem noch das unterlegene Orbiterprojekt umzusetzen. Wenige Tage später flog er mit dem JPL-Direktor William Pickering und JPL-Projektleiter Dr. Jack Froehlich zum Redstone Arsenal um sich mit Wernher von Braun zu besprechen. Es wurde vereinbart, im Verborgenen weiter an der Vorbereitung des Orbiter-Projektes zu arbeiten, damit wenn es doch eine Finanzierung gibt, es schnellstmöglich umgesetzt werden kann.

Die Redstone wurde für einen anderen Zweck zu einer mehrstufigen Rakete umgerüstet. Das Oberstufenbündel stammte vom JPL. Es entstand die Jupiter-C (Jupiter Composite Test Vehicle). Sie hatte die Aufgabe ein kleines Modell der Sprengkopfattrappe der Jupiter auf die Geschwindigkeit der Jupiter-IRBM zu beschleunigen. Dieses Modell wurde dann geborgen. Es sollte die Form des Sprengkopfs und den Schutz vor der beim Wiedereintritt einwirkenden Energie erproben. Da nun schon fast der Orbit erreicht wurde, wurde erneut Project Orbiter vorgeschlagen. Die Jupiter-C müsste nur um eine weitere Rakete erweitert werden, um einen kleinen Satelliten zu starten. Erneut wurde das abgelehnt. Im Mai 1956 fiel erneut die Entscheidung gegen die Jupiter-C. Mehr noch, das Redstone Arsenal wurde informiert, dass man nicht plane, die Juno als Backup zur Vanguard einzusetzen und Starts der Jupiter-C müssten in jedem Falle Ballast mitführen, damit sie nicht „aus Versehen“ einen Orbit erreichten.

Am 20.9.1956, also ein Jahr vor dem Start von Sputnik 1, startete die erste Jupiter-C mit drei Stufen (die Juno I hatte dann vier) und erreichte auf Anhieb die vorgegebenen Ziele: Sie erreichte 1.000 km Höhe und 5.300 km Distanz. Die vierte Stufe wurde durch 38 kg Ballast ersetzt. Es gab eine schriftliche Weisung, dass die Stufe keinen Orbit erreichen dürfte. Der Start diente der Qualifizierung des Oberstufenkonzepts. Die Attrappe verfehlte ihren Zielpunkt nur um 360 m. Erneut wurde das ABMA vorstellig, doch einen Satelliten zu starten, erneut wurde dies abgelehnt. Ende 1956 informierte von Braun erneut die Führung, dass man mit den vom Projekt Orbiter übrig gebliebenen Teilen einen sehr kleinen Satelliten starten könnte. Erneut ohne Erfolg.

Am 15.5.1957 fand der erste Testflug der Jupiter-C mit der, auf ein Drittel verkleinerten, 140 kg schweren Spitze eines Nasenkonus der Jupiter statt. Er wurde in eine Höhe von 560 km und eine Weite von 1.100 km gebracht. Im April und September 1957 wurde erneut der Vorschlag eines gemeinsamen Satellitenprojektes von JPL und ABMA mit dem Bau von sechs Satelliten vorgebracht.

Am 20.7.1957 fand der zweite Testflug einer Jupiter-C, diesmal mit dem Modell des Wiedereintrittsschildes der mit Schmelzkühlung arbeitete. Er war auf ein Drittel verkleinert worden um eine höhere, realistischere Endgeschwindigkeit zu erreichen. Die Jupiter-C erreichte 965 km Höhe und flog 2.140 km weit. Nachdem Sputnik 2 gestartet war, präsentierte Präsident Eisenhower den geborgenen Nasenkegel am 7.11.1957 im Fernsehen, um zu demonstrieren, dass man nicht so weit hinter der UdSSR hinterherhinkte.

Bewegung in das Satellitenprojekt gab es erst, als die Sowjetunion den ersten Satelliten startete. 1957 war Wahljahr und am 4.10.1957, einen Tag nach Sputniks Starts besuchte der designierte neue Verteidigungsminister Neil McElroy das Redstone-Arsenal in Huntsville. Wernher von Braun war aufgeregt „Wir wussten das sie es tun würden!“ platze es aus ihm heraus und dann an McElroy gewandt: „Die Vanguard Rakete wird es niemals schaffen! Wir haben die Mittel. Mr. McElroy geben sie uns um Gottes Willen eine Chance, wir können einen Satelliten binnen 60 Tagen starten!“. General Medaris griff ein, „Neunzig Tage, Wernher, Neunzig!“.

Doch McElroy war noch nicht Verteidigungsminister und konnte nichts genehmigen, aber von Braun hinterließ bei ihm bleibenden Eindruck. Das ABMA darf nochmals ihren Vorschlag unterbreiten. 12,752 Millionen Dollar fordert sie für sechs Satellitenstarts. Am 8. Oktober wies Präsident Eisenhower den scheidenden Verteidigungsminister Wilson an, eine Redstone startbereit zu machen, falls der nächste Start einer Vanguard scheitert. Damit verbunden war eine Finanzierung mit 3,5 Millionen Dollar. Allerdings gab das Pentagon diese Information nicht weiter.

Am 3.11.1957 starteten die Sowjets Sputnik 2, sechsmal so schwer wie Sputnik 1, mit der Hündin Laika an Bord. Dies war der eigentliche Sputnikschock. Eine Nutzlast von 80 kg, wie bei Sputnik 1, war auch mit den Mittelstreckenraketen der USA erreichbar, doch der über 500 kg schwere Sputnik 2 war nur mit einer ICBM in einen Orbit beförderbar. Die USA hatten aber noch keine einsatzbereite ICBM und wähnten sich in der „Raketenlücke“ und verwundbar.

Erst jetzt bekam die Army vom Pentagon die Freigabe für den Satellitenstart nachdem dort die Militärs Eisenhowers Befehl einen Monat lang geheim hielten. Am 8.11.1957 bekam Wernher von Braun bei einem Spitzengespräch mit dem Verteidigungsminister die Erlaubnis, die Juno I startbereit machen. Die Vanguard hatte jedoch Priorität und die Jupiter-C war das Backup. Sechs Juno I und sechs Explorer-Satelliten sollten gefertigt werden. Von Braun sagte erneut einen Start innerhalb von 90 Tagen zu und hielt Wort: 84 Tage nach dem Gespräch beförderte die Juno I den ersten US-Satelliten, Explorer 1, am 1.2.1958 in den Orbit. Der Name Juno stammte von Pickering, nach der Gattin des römischen Gottes Jupiter. Jupiter-C hieß die Rakete bisher. Pickering schlug den Namen im November 1957 für

Satellitenträger vor. Die Juno I sollte auf der Redstone basieren. Die Juno II auf der Jupiter. Deren Einsatz wurde auch beschlossen.

Trotz des Scheiterns des ersten Vanguard-Starts hatte die Vanguard noch Priorität. Anfang Januar traf Explorer 1 mit der Juno I am Cape ein. Dort wurde die Vanguard für den nächsten Start TV-3BU, der für den 23.1.1958 geplant war, vorbereitet. Da die Luftwaffenbasis damals nur eine Bahnverfolgungskamera und eine Serie von Empfangsstationen hatte, konnte sie nicht zwei Starts gleichzeitig handeln. Explorer 1 musste warten. Heftige Regengüsse führten zu Kurzschlüssen bei den Kabeln des Bodensegments von Vanguard, sodass erst Reparaturen nötig waren. Vanguard TV-3BU konnte nicht vor dem 3. Februar 1958 starten. Das gab ein kurzes Zeitfenster für Explorer 1. Anders als bei Vanguard wurde der Startversuch erst 24 Stunden vorher bekanntgegeben. Den ersten Starttermin am 29.1.1958 musste das ABMA aber verstreichen lassen, es gab zu starke Winde. Am nächsten Tag war das Wetter nicht besser. Erst am 31.1.1958 hatte sich das Wetter soweit beruhigt dass ein Start gewagt werden konnte. Es war der letzte Termin, am 1.2.1958 würde das Bodennetzwerk wieder für die Vanguard umgerüstet.

Der Countdown beginnt um 13:20 Ortszeit und muss wegen technischer Störungen mehrmals unterbrochen werden. Um 22:48 wird auf den Startknopf gedrückt und die Juno I hebt in die Dunkelheit ab. 404 Sekunden später, als klar ist, dass die Redstone die richtige Höhe erreicht hat, erfolgt ein erneuter Knopfdruck und das Oberstufenbündel zündet, der Rest erfolgt durch einen Zeitgeber automatisch gesteuert. Nun muss die Mannschaft im Startbunker warten – warten auf die Bestätigung, dass Signale vom Satelliten empfangen werden. Der Telefonanruf kommt 113 Minuten nach dem Start, die Bodenstation in Kalifornien hat Signale von **Explorer 1** empfangen. Erst jetzt bricht Jubel aus. Kleines Detail am Rande: In den USA wird als Starttermin der 31.1.1958 genannt, im Rest der Welt, wo man bei weltweiten Ereignissen in UTC, der Zeitzone in der England liegt, arbeitet, startete Explorer 1 am 1.2.1958 um 3:47:56.

Explorer 1 lieferte Daten über die Dichte der Hochatmosphäre und erste Hinweise auf den Van Allen Gürtel (der Physiker Van Allen baute den Geigerzähler des Satelliten. Er entdeckte den Rückgang der gezählten Teilchen beim Durchqueren des

Strahlungsgürtels auf Null. Er vermutete richtig, dass der Geigerzähler übersättigt war. Dies führte zum Einbau eines weniger empfindlichen Geigerzählers in Explorer 3, der dann den Gürtel nachweisen konnte).

Abbildung 34: William Pickering, James van Allen und Wernher von Braun halten ein Modell in Originalgröße des Explorer 1 Satelliten bei der Pressekonferenz hoch.

Alle Explorer Satelliten der ersten Serie waren pfeilförmig und fest mit der letzten Recruit Rakete verbunden. Sie waren batteriebetrieben und hatten als primäres Instrument Geigerzähler für Strahlenmessungen an Bord. Explorer 1 wog 13,9 kg mit der Stufe, ohne 8,3 kg. Er gelangte in einen 358 km × 2.550 km × 33,24 Grad Orbit. Das niedrige Perigäum – die Vanguard Satelliten hatten einen minimalen Erdabstand von 550 km – sorgte dafür das er schon am 31. März 1970 verglühte.

Am 5. März 1958 fand der nächste Start statt. Der Satellit **Explorer 2** war im wesentlichen ein Nachbau von Explorer 1. Der Flug verlief bis zur Zündung der dritten Stufe nominal. Die vierte Stufe zündete nicht und trat mit Explorer 2 wieder in die Atmosphäre ein und stürzte in der Nähe von Trinidad, etwa 3.000 km vom Startplatz entfernt, in den Atlantischen Ozean. Als Ursache des Versagens wurde das Versagen eines leichten Kunststoffkegels vermutet, der den Zünder an der Düse der vierten Stufe festhielt, gegen den Druck des Kräfte die während des Starts einwirkten. Dadurch konnte der Zünder aus seiner Position fallen. Die Zünderhalterung wurde bei späteren Flügen verstärkt.

Dagegen glückt der Start von **Explorer 3** am 5.3.1958 in derselben Bauart, nur mit weniger empfindlichen Geigerzählern. Durch sein niedrigeres Perigäum von 186 km Höhe erreicht er 2.799 km Erdferne. Er kann den Strahlengürtel oberhalb 1.000 km Höhe nun einwandfrei nachweisen. Der 14,1 kg schwere Satellit – ohne Raketenstufe mit der er fest verbunden war, noch 8,4 kg schwer, arbeitet 83 Tage lang, bis er wieder in die Erdatmosphäre eintritt. Er verwendete erstmals ein miniaturisiertes Magnetbandgerät um Daten aufzuzeichnen und bei Überflug einer Bodenstation zu übertragen.

Am 26. Juli 1958 folgt **Explorer 4** in einen höher geneigten Orbit mit einer Bahnneigung von 50 Grad, um den Strahlungsgürtel in höheren geographischen Breiten zu untersuchen. Der Start war erfolgreich, doch der Satellit beginnt nach dem Erreichen des Orbits mit einer Periode von 6 Minuten zu taumeln, was die Auswertung der Daten erschwert. Während seiner Einsatzdauer maß er die Effekte von drei Atombombentests der Operation Argus im Weltraum. Zwischen dem 27.8.1958 und dem 6.9.1958 wurden drei Atombomben in 200 bis 540 km Höhe zur Explosion gebracht. Beginnend ab dem 3.9.1958 fielen die Sender von Explorer

4 nacheinander aus, der letzte am 5.10.1958, ein Jahr später am 23.10.1959 verglühte er in der Erdatmosphäre.

Der letzte Start der ersten Explorerserie war **Explorer 5**. Alles verlief normal bis zur Trennung der Redstone von der zweiten Stufe. Normalerweise wird etwa 155 Sekunden nach dem Start, wenn entweder der Treibstoff oder der Sauerstoff in der Redstone erschöpft ist, die Hauptventile für den Treibstoff geschlossen. Fünf Sekunden danach aktiviert ein Timer sechs Sprengbolzen, welche die Redstone mit dem Rest der Trägerrakete verbinden. Diese lösen die Redstone von der zweiten Stufe, und Spiralfedern schieben sie auseinander, um die nachfolgende Zündung der zweiten Stufe vorzubereiten. Beim Start von Explorer 5 gab es einen Restschub der Redstone, sodass die Rakete das Heck der zweiten Stufe einholte und etwa 12 Sekunden nach der Trennung mit ihr kollidierte. Dadurch änderte sich die Ausrichtung des Köchers, sodass die zweite Stufe in die falsche Richtung zündete und keine Umlaufbahn erreicht wurde und Explorer 5 wieder in die Atmosphäre eintrat und verglühte.

Es gab noch eine Juno I, aber keine Satelliten vom JPL mehr. So nutzte man diese für ein Experiment „**Beacon 1**". Beacon 1 war ein Polyesterballon mit einer dünnen Metallbeschichtung. Durch seine große Oberfläche – bei nur 4,2 kg Masse hatte der Ballon aufgeblasen einen Durchmesser von 3,66 m – sollte er den Einfluss der oberen Erdatmosphäre auf die Abbremsung von Satelliten bestimmen. Die Metallbeschichtung erleichterte das Verfolgen mit optischen Teleskopen und Radar. Obwohl die Rakete dem nominalen Flugpfad folgte, brach Beacon 1 nach 110 s von der Spitze ab, gefolgt 149 s nach dem Start von Stufe zwei und drei. Nach 424 Sekunden schlug er im Atlantik auf. Ursache waren wohl durch die Nutzlast verursachte Ressonanzschwingungen.

Nach nur sechs Starts endete so die Karriere der Juno I. Die Hälfte der Starts beförderte einen Satelliten in den Orbit, eine Bilanz die immerhin besser war, als beim Schwestermodell Vanguard.

Der Aufbau der Juno I

Die Juno I wird auch als Jupiter-C bezeichnet. Bei der Juno I wurde als erste Stufe allerdings keine Jupiter verwendet. Stattdessen wurde eine modifizierte Redstone eingesetzt. Die erste Stufe verwandte 60 Prozent UDMH und 40 Prozent Diethylentriamin als Treibstoff. Der Oxidator war wie bei der Redstone flüssiger Sauerstoff. Der Startschub des Triebwerks stieg durch die energiereichere Mischung von 333 auf 370 kN. So konnten die Treibstoffbehälter um 2,50 m gestreckt und die Brenndauer der Redstone um 34 s erhöht werden. Das war auch möglich, weil die Oberstufen viel leichter als der nukleare Sprengkopf waren. Die wesentlichen Details zur Redstone finden sie im vorhergehenden Typenblatt. Die Jupiter C wurde zuerst als Versuchsrakete für Wiedereintrittsversuche eingesetzt. In dieser Konfiguration betrug die Nutzlast bis zu 160 kg bei drei Stufen.

Als Oberstufe verwandte das ABMA bewährte Feststoffraketen der US-Army – auf ein Fünftel verkleinerte „Sergeant“ von 7,6 cm Durchmesser und 130 cm Länge. Sie wurden als „Recruit“ bezeichnet. Dies ist die gängige Literaturangabe. Ich konnte bei der Recherche aber keinerlei Angaben zur Ausgangsrakete „Sergeant“ finden. Es gibt ein Waffensystem namens „Sergeant“, die Boden-Boden Rakete MGM-29 Sergeant. Dieses wurde ab 1953 entwickelt und erst 1962 stationiert. Es fällt dem Autor schwer zu glauben, das man dieses 4,57 t schwere Waffensystem mit 0,78 m Durchmesser und 10,52 m Länge „verkleinert“ hat, bevor es überhaupt fertig entwickelt war. Zudem kann man Feststoffraketen nicht einfach verkleinern, lediglich in der Länge verkürzen. Ursprünglich waren Raketen des Typs „Loki“ vorgesehen. Die Loki war eine Feststoff-Luftabwehrrakete, die auf der deutschen Taifun-Rakete aus dem zweiten Weltkrieg basierte. Verglichen mit den Recruit hatte sie mit 7,6 cm genau den halben Durchmesser der Recruit, war dafür 2,63 m lang. So hätte man 31 anstatt 15 Raketen benötigt. Recruit wurden später auch im Mercury-Programm als Hilfsraketen für den Test des Fluchtturms genutzt. Die Recruit wurden vom JPL gemeinsam mit dem Satelliten entwickelt. Sie waren in einem zylindrischen Köcher untergebracht. Elf solcher Raketen in einem äußeren Ring waren als zweite Stufe vorgesehen. Drei weitere Recruit in einem zweiten Ring dienten als dritte Stufe. Eine einzelne Recruit – mit einem Satelliten an der Spitze – wurde als vierte Stufe verwendet.

Die letzte Recruit war mit dem Satelliten fest verbunden. Die vierte Stufe war etwas kürzer als die anderen drei. Der Motor hatte noch keinen Treibstoff auf Basis von Aluminium/Ammoniumperchlorat in Gummi gebunden. Er verwendete eine Mischung aus 63 Prozent Ammoniumperchlorat, 33,6 Prozent Polysulfid, 2,3 Prozent p-Benzochinon und 1,2 Prozent Diphenlyguanidin. Hundert Tests der Motoren fanden vor dem ersten Start statt, ohne Ausfälle. Als Herausforderung entpuppte sich die Herstellung von sehr kleinen Zündkapseln, um den Treibstoff zu entzünden. Sie waren redundant in der Spitze vorhanden. Trotzdem scheiterte die Zündung einmal, als die Zündkapsel abfiel. Zudem musste gewährleistet sein, dass die Zündung der elf Antriebe in der zweiten Stufe gleichzeitig erfolgte. Bei den ersten Einsätzen gab es an Stufe 2+3 noch Blitzlichter, die von einem Zeitgeber periodisch gezündet wurden. Sie wurden zur visuellen Bahnverfolgung genutzt. Alle Raketen saßen in einem gemeinsamen Köcher von Zylinderform von 1,30 m Länge und 0,86 m Durchmesser. Das innere Bündel hatte einen Durchmesser von 0,41 m. Der Satellit schaute als Spitze aus der Mitte heraus.

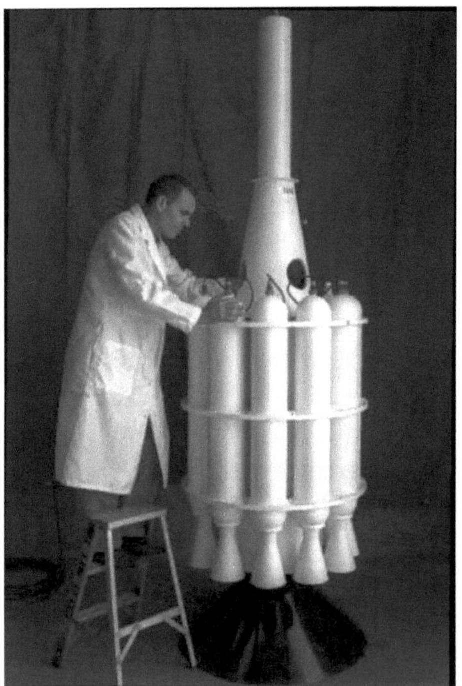

Abbildung 35: Zusammenbau der Oberstufen

Recruit Feststoffrakete	
Durchmesser:	6 Zoll = 15,24 cm
Länge:	47 Zoll = 119,38 cm
Davon Motorgehäuse	38,5 Zoll = 97,79 cm
Düsendurchmesser	1,732 Zoll = 4,4 cm
Gewicht Motorgehäuse:	7 Pfund = 3,2 kg
Gewicht Düsen:	3,3 Pfund = 1,5 kg
Gewicht Abdeckung:	0,5 Pfund = 0,23 kg
Treibstoff:	48,2 Pfund = 21,9 kg
Gesamtgewicht:	59 Pfund = 26,7 kg
Material:	0,58 mm starkes Stahlblech
Brenndauer:	5,52 s
Brennkammerdruck:	34,3 bar
Mittlerer Schub:	8051 N
Gesamtimpuls:	44.500 Ns
Spezifischer Impuls Meereshöhe:	2.010 m/s
Spezifischer Impuls Vakuum:	2.138 m/s

Zur Stabilisierung wurde der Köcher vor der Trennung mit 750 U/min in Rotation versetzt. Schon beim Start rotierte er mit 500 U/Min. Die hohe Rotationsgeschwindigkeit sollte Fehler in der Ausrichtung der Recruit-Raketen und einen abweichenden Schub ausgleichen. Er stabilisierte die Raketen zudem durch die Rotation um die Längsachse. Der Köcher aus Aluminium bestand aus drei Einzelringen. Er enthielt Löcher zur Aufnahme der Motoren und sollte die radialen Kräfte ausgleichen. Zur Gewichtsersparnis hatte er in den Zwischensektionen zwischen den Löchern eine netzartige Struktur, in der 80 Prozent des Materials abgetragen wurde. Die drei Ringe wurden durch axiale Streben verbunden, welche die Kräfte gleichmäßig verteilten. Der Schub der Redstone wurde durch eine am unteren Ring angebrachte Röhre übertragen. Die zweite Stufe hatte denselben Aufbau, nur eben mit einem kleineren Ring.

Zur Anbringung der oberen Stufen wurde an der Jupiter-C ein 3,60 m langer Adapter angebracht. Er enthielt auch die Steuerung auf Basis eines Inertialsystems (Kreisel) Er verjüngte sich konisch auf 0,96 m Durchmesser und enthielt vier Düsen mit jeweils 20 N Schub, die mit Pressluft angetrieben wurden. Sie dienten dem Umlenken der Rakete in die Horizontale und der Spinstabilisierung. Auf ihm befand sich der Gleichstrommotor, der den Köcher in Rotation versetzte.

Die Redstone hatte die Aufgabe, die oberen Stufen auf eine vorgegebene Höhe und Geschwindigkeit zu bringen. Denn deren Gesamtimpuls stand durch die Treibstoffzuladung fest. Die Oberstufen wurden durch Kommando von der Bodenstation gezündet. Die Erststufe wurde nach Brennschluss bis auf den konischen Stufenadapter abgetrennt. Nachdem dieser 320 km Höhe erreicht hatte, wurde er von den vier Düsen mit Stickstoffdruckgas in die Horizontale umgelenkt. Danach wurde der Adapter abgetrennt und kurz hintereinander die Raketen der Oberstufe gezündet. Dies erfolgte automatisch durch einen Zeitgeber. Der hohe Schub der Recruit-Raketen bei nur sechs Sekunden Brennzeit bewirkte eine sehr hohe Beschleunigung. Die dadurch geforderte Robustheit der Satelliten sprach gegen die Juno als Trägerrakete. Der hohe Schub resultierte aus der schlanken Bauweise der Raketen. Außerdem setzten sie als Innenprofil einen Sterninnenbrenner mit großer Oberfläche ein. Alle Satelliten hatten exzentrische Bahnen mit einem hohen Apogäum. Die Bahn wurde den Zündzeitpunkt der Oberstufen festgelegt. Je früher dieser erfolgte, desto niedriger war das Apogäum. Das hohe Apogäum sicherte den Start gegen eine Unterperformance der Juno ab.

Das Projekt kostete 2,74 Millionen Dollar für die Raketen und die Modifikationen. Die Starts finden sich in der Auflistung auf S.141. Von den sechs orbitalen Starts scheiterten drei, zwei davon durch die Oberstufen. Die Redstone funktionierte in allen Fällen einwandfrei und wies z. T. eine erheblich höhere Brennzeit von bis zu 160,7 (nominell 155,5 s) auf.

Eine Nutzlastspitze wurde bei der Juno I nicht eingesetzt. Die Oberfläche des Satelliten war mit einer hitzebeständigen Verkleidung überzogen. Er hatte eine aerodynamische Pfeilform. Nur bei Beacon 1 wurde eine Verkleidung ausgesetzt, dieser Start scheiterte, eventuell wegen der einwirkenden Kräfte rund um die Zone der maximalen aerodynamischen Belastung.

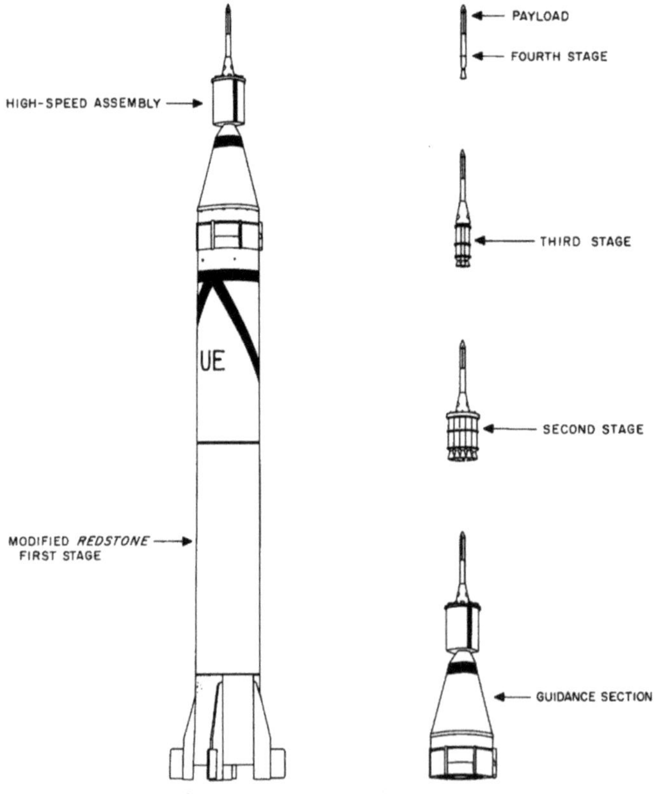

Abbildung 36: Aufbau der Juno I

Ereignisse beim Start von Explorer 1	
Brennschluss Redstone:	156,8 s (2.383 m/s, 96 km Höhe)
Stufentrennung:	160,7 s
Zündung zweite Stufe:	394,4 s, 320 km Höhe
Zündung dritte Stufe:	402,4 s (+1.578 m/s)
Zündung vierte Stufe:	410,4 s (+1.534 m/s)
Orbit erreicht:	416,4 s (+2.189 m/s), 360 km Höhe

Referenzen:

NASA X-63 – 82014: Juno Final Report Volume I
Raumfahrt Info Dienst: Die Jupiter-C / Juno-2 Raketen

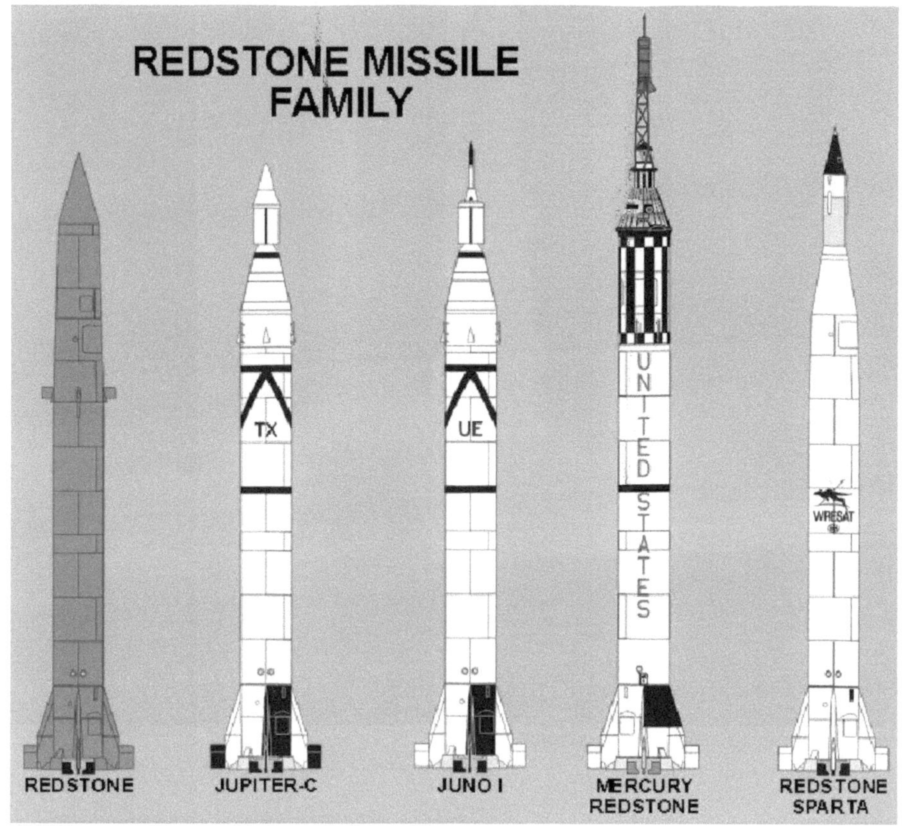

Abbildung 37: Die verschiedenen Redstone Typen

Abbildung 38: Start von Explorer 1 am 1.2.1958

Datenblatt Juno I				
Einsatzzeitraum: Starts: Zuverlässigkeit: Abmessungen: Startgewicht: Max. Nutzlast: Startkosten:	1956 – 1958 9, davon 3 Fehlstarts (inklusive suborbitale Flüge) 6, davon 3 Fehlstarts (nur orbitale Starts); 66,7 Prozent erfolgreich (Inklusive 3 suborbitaler Starts) 21,72 m Höhe, 1,78 m Durchmesser 29.030 kg 20 kg in einen 500 km hohen LEO-Orbit 457.000 Dollar			
	Redstone	**Recruit**	**Recruit**	**Recruit**
Länge:	17,62 m	1,30 m	1,30 m	1,30 m
Durchmesser:	1,78 m	0,86 m	0,41 m	0,15 m
Startgewicht:	28.430 kg	327 kg	94 kg	26,7 kg
Trockengewicht:	3.890 kg	96 kg	31 kg	4,8 kg
Schub Meereshöhe:	370 kN	11 × 6,67 kN	3 × 6,67 kN	1 × 6,67 kN
Schub Vakuum:	–	11 × 8,05 kN	3 × 8,05 kN	1 × 8,05 kN
Triebwerke:	1 × A-7	11 × Recruit	3 × Recruit	1 × Recruit
Spezifischer Impuls (Meereshöhe):	2.305 m/s	2.010 m/s	2.010 m/s	2.010 m/s
Spezifischer Impuls (Vakuum):	2.600 m/s	2.138 m/s	2.138 m/s	2.138 m/s
Brenndauer:	155 s	5,52 s	5,52 s	5,52 s
Treibstoff:	LOX / UDMH + DETA	Ammoniumperchlorat/Polysulfide	Ammoniumperchlorat/Polysulfide	Ammoniumperchlorat/Polysulfide

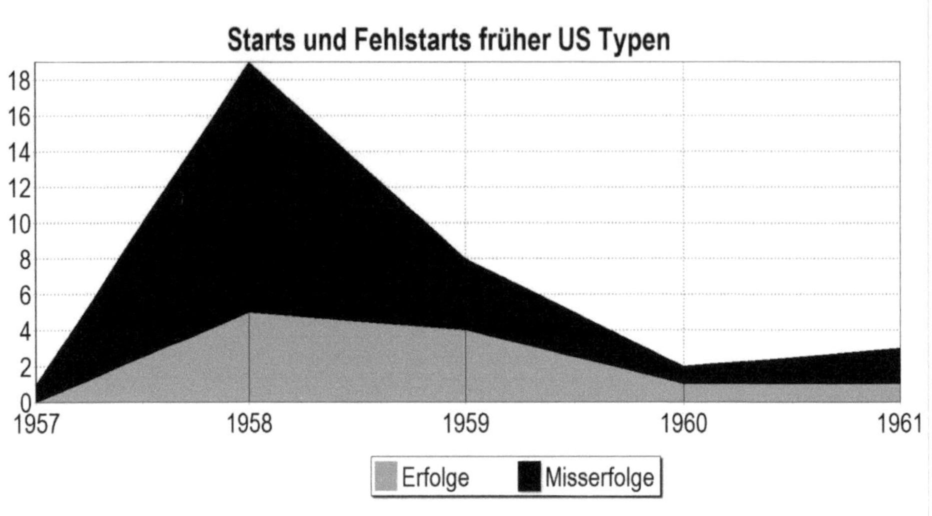

Abbildung 39: Starts früher US-Trägerraketen: Erfolge und Fehlstarts

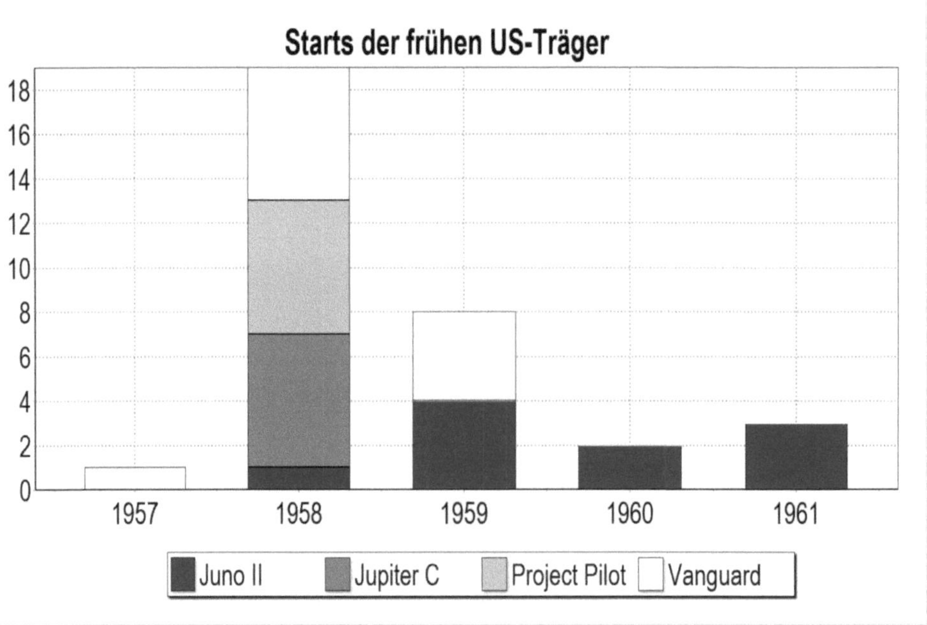

Abbildung 40: Starts früher US-Trägerraketen

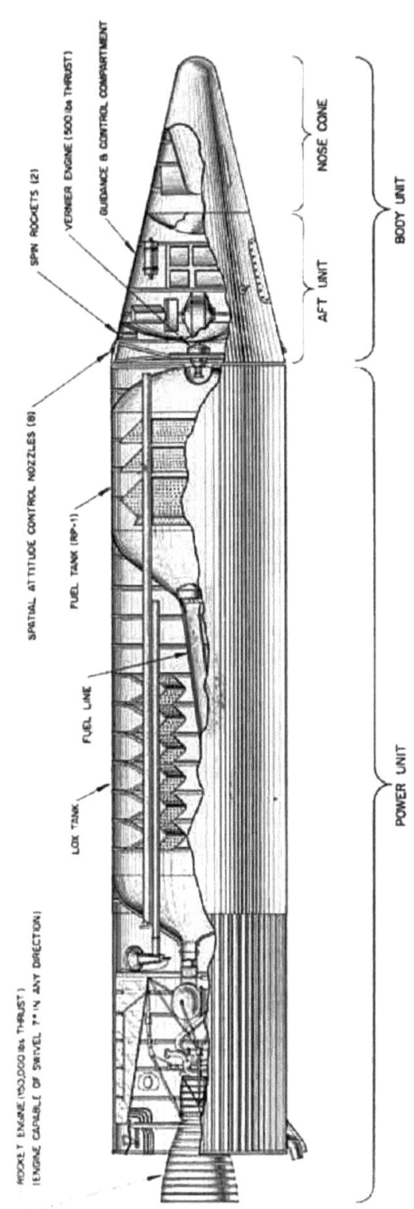

Abbildung 41: Aufbau der Jupiter

Juno II / Jupiter

Mit der Juno-I hatte die Juno-II nur die Oberstufen gemeinsam. Die Juno II basierte auf der doppelt so schweren Jupiter-Grundstufe. Die Recruit Oberstufen der Juno 1 wurden unverändert übernommen.

Die Jupiter IRBM war eine der ersten Mittelstreckenraketen der USA. Sie verwendete das Triebwerk S-3D. Gleichzeitig mit der Jupiter wurde die Entwicklung der Thor beschlossen. Sie setzte eine Weiterentwicklung dieses Triebwerks ein. Auslöser war die Entwicklung von Mittelstreckenraketen in der Sowjetunion. Als US-Beobachter die R-4 und R-5 1954 bei Paraden auf dem Roten Platz sahen, wähnten sich die USA in einer „Mittelstreckenraketenlücke". So kam es zur Entwicklung von Raketen, welche die Sowjetunion von Europa aus erreichen konnten. Die Entwicklung von zwei Modellen lag an den unterschiedlichen Erfordernissen:

Die Air Force favorisierte die Thor, da sie aufgrund ihres Durchmessers in den Frachtraum einer C-124 passte (maximaler Durchmesser 2,44 m). Die Army wollte eine eigene Rakete haben. Sie verfügte mit Wernher von Braun und seinem Stab über die entsprechenden Experten. Allerdings benötigte sie die Schützenhilfe der Navy, um eine zweite Entwicklung im DoD durchzusetzen. Da die Navy ebenfalls eigene Raketen haben wollte, bekam die Army diese Hilfe. Für die Navy musste die Rakete kürzer sein, um in den Rumpf von U-Booten zu passen. Später wurden die Jupiter, als es sie gab, dann mit C-124 Transportern vom ABMA in Alabama zum Testgelände bei Cape Canaveral geflogen und sie passten trotz des größeren Durchmessers in die Flugzeuge.

Das Eingehen auf die Wünsche der Navy gab den Ausschlag für die Genehmigung. Es war eine Jupiter-S genannte Version geplant, die auf Schiffen stationiert werden sollte. Doch neue Sicherheitsbestimmungen der Navy verhinderten später die Stationierung einer Rakete mit 45 t leicht entzündlichem Treibstoff. Es wurde so eine mit festen Treibstoffen angetriebene Rakete, die spätere Polaris, entwickelt.

Während des Jahres 1954 wurde das Design der Jupiter erarbeitet. Wernher von Braun schlug es dem Verteidigungsminister im September 1955 als folgerichtige Weiterentwicklung der Redstone vor. Im Dezember 1955 wurden zeitgleich die Thor und Jupiterentwicklung (PGM-19) genehmigt.

Der Personalstand des ABMA wurde für die Entwicklung auf 1.600 Mitarbeiter erweitert, davon waren 500 Wissenschaftler und 100 deutsche Emigranten. Leiter wurde Wernher von Braun, Leiter des wichtigsten Forschungslabors Dr. Ernst Stuhlinger. Ursprünglich war für die Jupiter wie bei der Thor ein Durchmesser von 2,41 m geplant. Dann wäre die Rakete mehr als 28 m lang gewesen. Aufgrund der Navy-Forderung einer Länge von maximal 15,24 m wurde der Durchmesser auf 2,67 m vergrößert, doch die „15,24 m Grenze“ entpuppte sich auch mit diesem Durchmesser als schwer umsetzbar. Zuerst wollte das ABMA mit einer 52,16 t schweren und 18,29 m langen Rakete beginnen, die dann mit Verbesserungen auf 15,24 m Länge und 38,6 t Gewicht nach den ersten Testflügen verkleinert wird. Dies wurde von der Navy abgelehnt. Das ABMA plante nun eine 16,77 m lange Rakete, die gerade die Mindestanforderungen an Reichweite der Navy von 1.400 Seemeilen (2.408 km) erreichte. Am Schluss einigte man sich auf eine Länge von 17,68 m die eine Reichweite von 1.500 Seemeilen, 2.778 km ermöglichte.

Dies war die Konzeption die schlussendlich umgesetzt wurde. Die Navy war trotzdem nicht zufrieden. Sie wollte keine Kompromisse eingehen. Als die Atomenergiebehörde im September 1956 ankündigte, dass die Sprengköpfe für Wasserstoffbomben durch neue Technologien leichter würden, stieg die Navy im Dezember 1956 aus dem Projekt aus. Sie arbeitete nun an der Polaris Rakete.

Da das ABMA nun keine Rücksicht mehr auf die Abmessungsforderung der Navy nehmen musste erhöhte sie die Länge wieder auf 18,29 m. Die Tanks waren relativ leicht zu verlängern. Anders sah es beim Durchmesser aus, den konnte man zu diesem Zeitpunkt nur mit einem kompletten Neudesign ändern. Er blieb bei 2,67 m.

Ohne die Navy sah es über weite Teile des Jahres 1957 so aus, als würde das Projekt eingestellt werden. Die Air Force reagierte auf Anfragen der ABMA über Einsatzpläne für die Thor und ihre Stationierung nicht, die Produktion wurde halbiert auf eine Rakete pro Monat. Eine Überprüfung beider Systeme Thor und Jupiter begann mit dem Ziel, eines der beiden Systeme zu eliminieren.

Am 1.3.1957 fand der erste Test einer Jupiter IRBM statt. Das Testprogramm verlief besser als bei den Vorgängern. Im November 1957 beschloss die Regierung, dass sich die Air Force um alle Raketen mit einer Reichweite von über 200 Meilen kümmern sollte. Damit übernahm die Air Force das Projekt.

Sie stellte die Jupiter nicht ein, weil sich die Situation am 3. Oktober durch den Start von Sputnik geändert hatte. Es gab nun eine echte Bedrohung durch russische ICBM und alles was die USA zu diesem Zeitpunkt in der Entwicklung hatten, waren die beiden IRBM. Allerdings wurden Army-Pläne beschnitten. Diese sahen vor, dass die Jupiter mobil war, über die Straße verschoben werden konnte. Die Air Force wollte fest stationierte Raketen. Sie müssten innerhalb von 15 Minuten startbereit sein.

Die Zahl der Forschungs- und Entwicklungsexemplare wurde auf 32 reduziert, davon wurden später drei als Juno II Satellitenträger umgebaut. Die ersten Raketen baute das ABMA im Redstone Arsenal zusammen. Die Serienproduktion erfolgte durch Chrysler in Warren im Bundestaat Michigan von 1958 bis 1961. Gebaut wurden 62 Einsatzexemplare für die Stationierung und Waffentests. Sieben weitere Jupiter wurden von der NASA bestellt, sodass es insgesamt 101 gefertigte Raketen gab. 36 dieser Raketen wurden gestartet.

Im Juni 1961 wurde die erste Schwadron in Italien operational, im November 1961 folgte eine Schwadron in der Türkei. Es wurden nur 15 Raketen in Italien und 30 in der Türkei stationiert.

Die in der Türkei stationierten Jupiter führten zur Kubakrise. Denn die Sowjetunion stationierte als Antwort auf die Bedrohung R-12 und R-14 Mittelstreckenraketen auf Kuba. Die Krise wurde beigelegt und Kennedy stimmte zu, die Jupiter aus der Türkei abzuziehen. So hatte die Jupiter eine sehr kurze militärische Einsatzgeschichte. Im April 1964 wurden alle Jupiter ausgemustert. Es gab zu diesem Zeitpunkt 55 IRBM. 45 stationierte Jupiter und 10 für Teststarts vorgesehene Träger. Da das Satellitenprogramm zu dem Zeitpunkt schon beendet war, wurden alle bis auf 12 Museumsexemplare verschrottet.

Abbildung 42: Eine Jupiter-IRBM vor dem Teststart

Die kurze Einsatzdauer der Jupiter hatte nicht nur mit der Kubakrise zu tun, auch die Thor wurde ab 1963 ausgemustert. Die Raketen waren innerhalb von wenigen Jahren technisch veraltet. Sie setzten flüssigen Sauerstoff ein, der nicht lange lagerbar ist. Keine der Rakete konnte aufgetankt stationiert bleiben. Inzwischen gab es Raketen mit lagerfähigen flüssigen Treibstoffen, die schneller startbereit und unkomplizierter waren, weitere Typen, mit noch besser handelbaren festen Treibstoffen betriebene Raketen befanden sich in der Entwicklung. Doch so ging es vielen frühen Raketentypen, auch der Atlas oder der Titan 1.

Aufbau

Die Jupiter war ausgelegt einen 726 bis 750 kg schweren Sprengkopf über eine Distanz von mindestens 2.778 km) zu befördern und mit einer Genauigkeit von 1,5 km ins Ziel zu bringen. (Die Genauigkeit ist so definiert, dass zu 50 Prozent wahrscheinlich ist, das der Aufschlagpunkt in einem Kreis von 1,5 km Radius liegt).

Der Sprengkopf bildete zusammen mit einem ablativen Schutzschild die Nase mit einem Basisdurchmesser von 1,65 m und einer Länge von 2,48 m. Zusammen mit dem Hitzeschutzschild wog er 1.187 kg.

Darunter saß die „Aft-Unit". Die 2,26 m lange Aft-Unit bildet zusammen mit der Nase einen Kegel und sie hat an der Basis den Durchmesser der Tanks von 2,67 m. Die „Aft Unit" enthielt die Lenk- und Steuerausrüstung der Jupiter, das Vernier-Triebwerk, die Spinraketen und die Düsen für die Lageregelung. Das Verniertriebwerk verbesserte die Genauigkeit. Es hatte 2.270 N Schub und konnte bis zu 20 Sekunden lang brennen. Die Lenkung stoppte das Verniertriebwerk, wenn die Zielvorgabe erreicht war. Es arbeitete mit katalytisch zersetztem Wasserstoffperoxid.

Die Lageregelung erfolgte durch Stickstoff-Druckgas, das durch acht Düsen expandiert wurde. Nach Brennschluss des Verniers zündeten Spinnraketen und brachten die Aft-Unit mit der Nase in eine Rotation von 60 U/Min zur Stabilisierung, dann wurde die Nase abgetrennt.

Das ABMA entwickelte das ST-90 Inertialsystem das auf luftgelagerten Gyroskopen und Beschleunigungsmessern basierte. Die Serienfertigung des ST-90 erfolgte durch Ford. Die erste ST-90 wurde im Januar 1957 fertiggestellt. Pläne, nach dem Ausstieg der Navy, eine Radiosteuerung als Backup hinzuzunehmen, wurden wieder fallen gelassen. Das Lenksystem war in der Lage, die Rakete autonom zu steuern. Bis 20 Minuten vor der Zündung konnte das Ziel durch die Übertragung der Zielkoordinaten geändert werden. Danach wurde das System so ausgerichtet, dass es bei Erreichen der Zielkoordinaten keine Steuerungsimpulse mehr abgab. Erreichte die Rakete diesen Punkt, wurde der Brennschluss ausgelöst.

Die 12,80 m lange Body-Unit enthält die Antriebssektion und die Tanks. Es war ein Tank mit einem gemeinsamen Zwischenboden für Sauerstoff und Kerosin. Der Sauerstofftank war unten angebracht, die Leitungen des Kerosintanks wurden durch den Sauerstofftank geführt. Die Tanks bestanden aus einer Monocoque-Aluminiumstruktur mit Querspanten verstärkt. Die Zelle wurde aus Stahl gefertigt.

Das Triebwerk S-3D der Juno II verbrannte die Treibstoffkombination Sauerstoff und Kerosin. Es hatte mit 670 kN fast den doppelten Schub des A-7 der Redstone. Außerdem verfügte es über eine verbesserte Schubvektorsteuerung. Das Triebwerk wurde kardanisch aufgehängt. Gegenüber den Strahlrudern, die beim A-7 noch eingesetzt wurden, bedeutete dies einen höheren Schub. Die Strahlruder waren ein Fremdkörper im Abgasstrahl und lenkten einen Teil des Düsenstrahls zur Seite ab. Die Steuerung um die Rollachse wurde von zwei Verniertriebwerken durchgeführt, welche von den Abgasen der Turbopumpen gespeist wurden. Beim Vorgängermodell S-3 (in der militärischen Version der Jupiter) war das Triebwerk noch fest eingebaut. Dabei wurde das Abgas der Turbopumpe auch zur Nick- und Giersteuerung genutzt. Das S-3 Triebwerk wurde von Rocketdyne zwischen 1955 und 1956 entwickelt. Das S-3D als verbesserte Version folgte von 1958 bis 1962. Beide nutzten LOX und Kerosin als Treibstoff. Die Kombination ist energiereicher als der vorher verwendete Alkohol. Die Jupiter verwandte noch nicht RP-1, sondern normalen JP-4 Kraftstoff für Düsenflugzeuge.

Das Triebwerk von North American wurde auch in der Thor eingesetzt und hatte dort die Bezeichnung LR79. Es arbeitete bei der militärischen Version der Jupiter 157,8 s lang, bei der Juno II durch die Tankverlängerung bis zu 183,6 Sekunden. Neu war, dass der Gasgenerator nicht mehr einen eigenen Treibstoffvorrat hatte, sondern die Treibstoffe aus dem Haupttank nutzte, allerdings mit einem Überschuss an Kerosin, um die Verbrennungstemperaturen zu begrenzen. Die Turbine trieb dann zwei Turbopumpen, je eine für Kerosin und Sauerstoff an.

Die Gesamtflugzeit für eine militärische Jupiter mit maximaler Reichweite betrug 1.016,9 Sekunden. Die Rakete, die beim Abheben 49,37 Tonnen wog, hatte nach 157,8 Sekunden Brennschluss bei einer Beschleunigung von 13,69 g in 134,5 km Distanz und 123 km Höhe bei einer Geschwindigkeit von 4.563,5 m/s. Vier Sekun-

Abbildung 43: Der Konus des Recruit Bündels

den nach dem Abschalten des Haupttriebwerks trennen sich Body-Unit und Aft-Unit. Zwei Sekunden später zündet das Verniertriebwerk. Es brennt nominell 12 bis 14 Sekunden lang. Die Lageregelungsdüsen richten danach die Aft-Einheit mit Sprengkopf aus, und die Spinnraketen zünden. 339,3 Sekunden nach dem Abheben trennt sich die Nase von der Aft-Unit. 550 Sekunden nach dem Start erreicht der Nasenkonus den Scheitelpunkt der Bahn in 660 km Höhe, 1.414,5 km vom Startplatz entfernt. Etwa 400,5 Sekunden später beginnt der Wiedereintritt, wenn der Nasenkegel mit 4.660 m/s in die Atmosphäre eintritt. Nur 66,4 Sekunden nach Beginn des Wiedereintritts triff der Nasenkonus, nach einer Spitzenverzögerung von 44 g mit 166 m/s sein Ziel 2.844 km vom Startplatz entfernt.

Jedes Triebwerk hatte eine Lebensdauer von 700 Sekunden. Vor jedem Satellitenstart wurde es 300 s lang getestet und absolvierte einen statischen Prüflauf. So wurde die Performance ermittelt. Dies war wegen der festen Impulse der Feststoffoberstufen nötig. Mit der Testzündung wurde das Triebwerk kalibriert. Vier Retroraketen im Heck der Jupiter mit jeweils 4,5 kN Schub bremsten die Jupiter nach der Abtrennung von dem Oberstufenbündel ab. Sie wurden für die Juno II zusätzlich installiert.

Datenblatt Triebwerk S-3D / LR79	
Schub Meereshöhe:	667,2 kN
Schub Vakuum:	758,7 kN
Gewicht:	643 kg
Länge:	3,00 m
Maximaler Durchmesser:	1,53 m
Brennkammerdruck:	41 bar
Expansionsverhältnis:	8:1
Spezifischer Impuls Meereshöhe:	2432 m/s
Spezifischer Impuls Vakuum:	2765 m/s
Rotationsgeschwindigkeit Turbopumpe:	6300 U/min
Schwenkbereich:	7 Grad

Hier ein Vergleich der beiden parallel entwickelten ICBM:

	Jupiter	Thor
Projektname:	PGM-19	PGM-17
Länge:	18,29 m	19,76 m
Durchmesser:	2,67 m	2,41 m
Startmasse:	49,885 kg	49.560 kg
Trockengewicht:	4.308 kg	3.125 kg
Sprengkopf	W-49 1,44 MT	W-49 1,44 MT
Gewicht Sprengkopf:	1.187 kg	1.000 kg
Zielgenauigkeit:	1.500 m	2.000 m
Reichweite:	2.778 km	2.820 km
Erster Testflug	1.3.1957	25.1.1957
Teststarts	28, davon 22 erfolgreich = 78,5 Prozent	18, davon 7 erfolgreich = 38,9 Prozent

Die Jupiter hatte eine deutlich höhere Trockenmasse, war aber zielgenauer und vor allem zuverlässiger: Von den 18 Teststarts der Thor scheiterten 11, davon die ersten vier in Folge. Von 28 Testflügen der Jupiter scheitern nur sechs.

Für die Juno II wurden die Tanks der Jupiter um drei Fuß, 0,91 m verlängert. Sie nahmen so 6,2 t mehr Treibstoff auf. Das war möglich, weil die Oberstufen leichter waren als der Sprengkopf. Die Juno II wies gegenüber der Jupiter eine um 20 s längere Brenndauer auf. Beim fünften Start der Juno I kollidierte die Redstone mit den Oberstufen. Deswegen brachte man an der Basis der Jupiter vier Retroraketen mit einem Gesamtimpuls von 4.480 Ns an.

Die Aft-Unit wurde um ein Kaltgassystem erweitert, das in der Freiflugphase die Orientierung der Rakete aufrecht erhielt. Dort wurde auch der Übergang zu dem Oberstufenköcher und der Elektromotor für das Aufspinnen angebracht. Das Oberstufenbündel war dasselbe wie bei der Juno I. Lediglich die letzte Rakete wurde verlängert, bei der Redstone war sie etwas kürzer als die anderen. Nun war sie genauso lang. Für sie wurde auch ein Titangehäuse angefertigt, das rund 2 kg Gewicht einsparte. Die Recruit-Oberstufen entsprachen denen der Juno I (S. 113).

Vor dem Start wurde das Oberstufenbündel mit einem Elektromotor auf 400 U/Min gebracht. Der Flug verlief dann ähnlich wie bei der Jupiter-C (Juno I). Die Jupiter hatte die Aufgabe die Oberstufen auf eine Bahn mit vordefinierter Geschwindigkeit zu bringen. Nach 180 Sekunden war sie ausgebrannt und wurde abgetrennt. 12,5 Sekunden später folgte die Nutzlastverkleidung. Das Oberstufenbündel zusammen mit dem Kaltgaskontrollsystem absolvierte eine Freiflugphase von etwa 60 Sekunden bevor es 240 s nach dem Start zündete. Während der Zeit stabilisiert das Kaltgassystem die Spitze.

Abbildung 44: Blick auf die Recruit Raketen

Eine Neuerung gegenüber der Juno I war die Einführung einer Nutzlastverkleidung, welche auch den Köcher mit den Recruit-Oberstufen umhüllte. Die Recruit wurden wie bei der Juno I durch Rotation stabilisiert. Die Rotationsrate lag zwischen 450 und 600 U/min, abhängig vom Gewicht der Nutzlast. Sie zündeten in 9 Sekunden Intervallen.

Einsatzgeschichte

Obgleich die Juno II nur die beiden Mondsonden Pioneer 3 und 4 starten sollte, löste sie in der Folge die Juno I als Satellitenträger ab. Die NASA bestellte insgesamt zehn Träger. Um den Mond zu erreichen, war die Juno I zu leistungsschwach. Die schnellste, wenn auch technisch nicht optimale Lösung war, das Oberstufenbündel der Juno I auf eine größere erste Stufe zu setzen. Das wurde getan, daher sind die Oberstufen die gleichen wie bei der Juno I.

Mit dem Start von Sputnik 1 begann ein Rennen. Sowohl die USA wie auch die UdSSR wollten mit Erstleistungen brillieren. Nach dem Erdorbit war das nächste Ziel der Mond. William Pickering, der schon für Explorer 1 mitverantwortlich war, schlug im November 1957 zeitgleich mit der Juno I als Satellitenträger vor, das Oberstufenbündel der Juno I auf die Jupiter IRBM zu setzen. Die Jupiter konnte dann eine kleine Sonde zum Mond befördern. Das wurde schnell ein offizielles Programm, intern „Red socks“ genannt. Diese Rakete wurde „Juno II“ genannt, um sie von der militärisch genutzten Jupiter abzugrenzen.

Am 27.3.1958 wurde von der neu gegründeten **A**dvanced **P**rojects **R**esearch **A**gency (ARPA) die „Operation Mona“ angekündigt. Sie sollte Sonden zum Mond entsenden. Um den Erfolg zu sichern, wurden drei Thor-Able und zwei Juno II Starts geplant. Die ARPA entwickelte sich zu einer militärischen Forschungsagentur, die später in DARPA (**D**efence **A**dvanced **P**rojects **R**esearch **A**gency) umbenannt wurde. Das wichtigste was, die DARPA entwickelte, war das Internet, um die militärisch genutzten Rechner zu vernetzen.

Auch beim Mondwettlauf wurden die USA geschlagen. Luna 1 passierte den Mond am 2.1.1959. Das war zwei Monate, bevor dies den USA mit Pioneer 4 gelang. Eventuell hätten die USA die ersten sein können. Doch es wurde eine Wiederholung der Ereignisse wie beim ersten Satellitenstart. Auch im Pioneer-Programm sollte eine nicht von den Deutschen entworfene Rakete die erste Chance haben – eine Thor Able startete Pioneer 0 bis 2 der Air Force zum Mond. Keiner der Starts erreichte den Mond. Beim ersten Fehlstart glaubte man noch an einen Erfolg und vergab die

Nummer „0“ für die erste Sonde. Erst nachdem alle Pioneers der Air Force scheiterten, durfte die Juno II die Sonden der US Army starten.

Am 1.5.1958 beschloss das Verteidigungsministerium, das nur eine Waffengattung sich um Raketen größerer Reichweite und um die Weltraumaktivitäten kümmern sollte: die Air Force. Damit wanderte die Verantwortlichkeit der zivilen Starts komplett zur ARPA, die den Army-Projekten nur eine geringe Priorität einräumte. Als am 1.10.1958 die NASA gegründet wurde, war sie für den zivilen Einsatz zuständig. Sie führte das Juno II Programm weiter, aber nicht weitergehende Erweiterungen wie die Juno III/IV. Am 3.12.1958 wurde auch das JPL Bestandteil der NASA.

Am 6.12.1958 fand der erste Startversuch mit der Juno II statt. Die Oberstufen wurden schon fünf Tage vor dem Start angebracht, die Nutzlast, wegen ihrer reinen Stromversorgung aus Batterien, aber erst wenige Stunden vor dem Start. Nutzlast war der von der ABMA/JPL entwickelte 6,67 kg schwere „Juno IIA“ Satellit, der nach dem Start die Bezeichnung **Pioneer 3** bekam. Zuerst sah alles aus als wäre es nach Plan verlaufen, doch Geschwindigkeitsmessungen zeigten, das Pioneer 3 etwas zu langsam war. Er erreichte nur eine Spitzenhöhe von 108.000 km und trat 30 Stunden nach dem Start wieder über der Sahara in die Erdatmosphäre ein. Er war aber kein vollständiger Fehlschlag, denn Pioneer 3 durchquerte nun auch den äußeren Van Allen Gürtel und sein Geiger-Müller Zähler liefere erste Messungen dieses zweiten Strahlungsgürtels.

Der Fehler war, das die Jupiter 3,6 Sekunden zu früh bei 176,2 Sekunden abschaltete. Die Ursache lag in der Schaltung, die das Verbrauchen des Treibstoffs feststellen sollte. Sie signalisierte ein vorzeitiges Erschöpfen, was den Fehler aber genau verursachte, konnte nie geklärt werden.

Am 3.3.1959 machte man den nächsten Versuch, nun mit dem baugleichen **Pioneer 4**. Diesmal klappte alles, die Jupiter hatte diesmal sogar eine Überperformance und beschleunigte Pioneer 4 zu stark. Pioneer 4 erreichte eine Geschwindigkeit von 39.850 km/h und passierte den Mond in 59.455 anstatt 32.000 km Distanz, sieben Stunden zu früh und vier Grad von der Sollposition entfernt. Bis in 656.400 km Distanz, 82 Minuten nach dem Start, wurde Pioneer 4 von den Bahnverfolgungsstationen getrackt. Pioneer befindet sich seitdem auf einer 147,6 × 170 Millionen km Sonnenumlaufbahn mit einer Periode von 392 Tagen.

Ereignis	Zeitpunkt bei Pioneer 4
Abheben	0 s
Brennschluss Jupiter	183,1 s
Abtrennung Jupiter	189,1 s
Abtrennung Nutzlastverkleidung	201,8 s
Zündung Recruit Stufe	242,6
Brennschluss letzte Stufe	268,8 s
Abtrennung Pioneer 4 und Yo-Yo Gewichte zum Entdrallen	276,6 s

Die nun folgenden Starts galten allen Erdsatelliten. Der nächste am 16. Juli 1959 war einer der spektakulärsten Fehlschläge am Cape. Nutzlast war der 41,5 kg schwere **Explorer S-1** der in einen elliptischen Erdorbit befördert werden sollte. Erst nach erfolgreichem Start hätte Explorer S-1 eine Nummer erhalten. Dazu kam es aber nicht. Beim Start schwenkte das S-3D Triebwerk der Jupiter auf Vollausschlag, die Rakete drehte sich praktisch direkt nach dem Abheben und flog auf das Blockhaus zu. Wenige Sekunden nach dem Abheben wurde sie vom Sicherheitsoffizier gesprengt und landete 76 m nordwestlich des Launchpads, nur 91 m südwestlich des „Blockhouse", eines Bunkers in dem die Startmannschaft den Start verfolgte. Eine Untersuchung ergab, dass es zu einem Kurzschluss zwischen zwei Dioden in einem Spannungsregler eines Wechselrichters der Stromversorgung gekommen war. Der Kurzschluss hatte die Stromzufuhr zum Leitsystem unterbrochen und einen vollständigen Schwenk der kardanischen Aufhängung verursacht. Zukünftige Leiterplatten wurden mit einer Schutzschicht versehen, um die Wahrscheinlichkeit eines erneuten Auftretens zu verringern.

Am 19.8.1959 stand der Start des nur 4,5 kg schweren **Beacon 2** auf dem Programm. Beacon 1 war schon bei einem Fehlstart der Juno I verloren gegangen. Die Aufgabe dieses aufblasbaren Ballons von 3,66 m Durchmesser war, das er durch die Atmosphäre schneller abgebremst wurde als ein Satellit und man so genauere Daten über die Dichte in der höheren Atmosphäre bekam. Diese waren wichtig, um die Lebensdauer von niedrig fliegenden Satelliten zu optimieren. Es wurde auf die vierte Stufe bei diesem Start verzichtet. Zur Bahnverfolgung gab es Leuchtraketen. Die erste Leuchtrakete wurde auch noch wahrgenommen, die folgenden nicht mehr. Die Jupiter hatte korrekt Brennschluss, die Steuersektion verlor nach 203 Sekunden das Druckgas, der Satellit erreichte keinen Orbit. Die Rakete war bei Zündung der Oberstufen fehlausgerichtet, als wahrscheinlichste Ursache wurde angenommen, das die Leuchtraketen die Steuerung in Brand gesetzt hatten und so die Fehlausrichtung resultierte. Die vorherigen Raketen hatte keine Leuchtraketen zur visuellen Bahnverfolgung und diese Entscheidung wurde nun auch revidiert.

Der nächste Start am 13.10.1959 beförderte den 41 kg schweren **Explorer 7** in einen 556 km × 1,088 km × 50.3 Grad Orbit. Der Start wurde verschoben, da die Jupiter AM-19 – die neunte getestete Jupiter-IRBM, wie der Start von Beacon 1 direkt nach dem Start abwich und nach 13 Sekunden gesprengt wurde. Das verursachte Schäden am Startkomplex LC26, von dem aus 1959 sowohl militärische Redstones und Jupiter wie auch zivile Juno II aus starteten.

Auch der nächste Start, mit dem 16 kg schweren **Explorer S-46**, ein Satellit zur Erforschung des Van Allen Gürtels, scheiterte. Diesmal zündete eine der elf Recruit Raketen in der zweiten Stufe nicht, was eine Fehlausrichtung um 19 Grad zur Seite und 5 Grad zur Erde hin bedeutete. Daneben fehlte so auch Geschwindigkeit um den Orbit zu erreichen.

Nachdem von sechs Start nun vier gescheitert waren, gab es am 1. Juni eine formelle Untersuchung des Juno Programms. Die Kommission fand, das die Ursache darin lag, das das Programm schon vor dem ersten Einsatz von der NASA als „Dead End Program“ angesehen wurde, es würde also niemals mehr als diese zehn Starts geben. Alle Fehlschläge wären auf mangelnde Qualität und schlechte Arbeit zurückzuführen. Das hatte seine Ursache darin, das erfahrene Mitarbeiter längst in andere Programme gewechselt waren und minder-qualifiziertes Personal nun die Raketen zusammenbaute. Daran ändern wollte die NASA nichts mehr, das Komitee meinte aber, wenn von den noch ausstehenden vier Starts die Hälfte, also zwei glücken würden, wäre das okay. Und genau so kam es auch.

Am 3.11.1960 wurde der 42 kg schwere **Explorer 8** in einen 370 × 2.341 km × 49,9 Grad Orbit befördert. Dagegen scheiterte der Start des 34 kg schweren **Explorer S-45** am 24.2.1961. Die Leistung der ersten Stufe war normal, aber kurz nach der

Abtrennung der Stufe ging etwas schief. Als wahrscheinlichste Fehlerursache wurde angenommen, dass sich ein Sensorkabel von der Seite der Nutzlastabdeckung löste und sich um den sich drehenden Oberstufenköcher wickelte. Stufe 4 und die Nutzlast wurden vom Cluster losgerissen, und der Zünder der Stufen 3 und 4 wurde wahrscheinlich beschädigt. Obwohl die Instrumentensektion die Kontrolle über das Bündel wiedererlangte, wurde nur die zweite Stufe gezündet, und es wurde keine Umlaufbahn erreicht.

Am 27.4.1961 wurde der 39,6 kg schwere Gammastrahlen-Astronomiesatellit **Explorer 11** in einen 497 × 1.793 km × 28,49 Grad Orbit befördert. Er lieferte bis Mitte Dezember 1961 Daten über kosmische Gammastrahlenquellen.

Der letzte Juno II-Start am 24. Mai 1961 war wiederum ein Fehlschlag. Die Jupiter AM-19G versuchte, den 34 kg schweren **Explorer S-45A**, einen Nachbau von Explorer S-45, zu starten. Der Flug der ersten Stufe verlief normal, ebenso wie die Trennung der Instrumentensektion. Während der Freiflugphase fiel jedoch die Stromversorgung der Instrumenteneinheit aus. Die zweite Stufe wurde nicht gezündet, und der Köcher schlug im Atlantik auf.

Auch wenn von den zehn Starts nur vier gelangen, so lag dies meist nicht an der Jupiter. Zwei der Fehlschläge lagen an der Jupiter, aber vier eben an dem Oberstufenbündel, seiner Ausrichtung oder Zusatzeinrichtungen. Eine ähnlich schlechte Bilanz hatte der Oberstufenköcher auch bei der Jupiter-C / Juno I.

Zudem konnte die Maximalnutzlast wegen der struktureller Einschränkung der Recruit nicht ausgenutzt werden. Die maximale Nutzlast lag bei 55 kg, die vierte Stufe ließ jedoch keine größere Masse als 40 kg zu. Nach dem Start von Pioneer 4 gab das JPL bekannt, keine weitere Juno mehr einsetzen zu wollen.

Schon 1961 erfolgte der letzte Start einer Juno II. Für den Start kleiner Nutzlasten führte die NASA kurz darauf die Scout ein. Deren Produktionskosten lagen nur bei einem Drittel der Juno. Die Air Force setzte für die militärischen Programme naturgemäß die eigene Thor ein.

Die NASA gab 17 Millionen Dollar für die Entwicklung und die zehn Träger aus. Sie startete vom LC5, einem Jupiter Startplatz und von LC26B, ein für die Juno II umgebautes Pad der Jupiter IRBM. 1964 wurde das Air Force Space & Missile Museum bei LC26 eingerichtet. Es ist bekannt für den „Rocket Garden" aus militärischen Raketen und Trägerraketen aus den frühen Jahren der Raumfahrt.

Die Jupiter lebte zumindest in ihrer Technologie weiter. Ihr Triebwerk war die Ausgangsbasis für das H-1 der Saturn I und die Rolls-Royce Triebwerke der „Europa Rakete". Es trieb jahrzehntelang die Thor und Delta an. Der Zentraltank der Saturn I Erststufe S-I hatte den Durchmesser der Jupiter-C und die acht Außentanks der S-I den der Redstone.

Referenzen:

NASA TM-79403: A reability Review of the Juno II Launch Vehicle
NASA Report Nr. 20 – 123: Juno IV Rocket Vehicle System
Juno II Project Report Volume II the S-46 Satellite
Juno Final Report Volume II: Juno II Space Probes
Juno Final Report, Volume III, C. F. Mohl, June 1962
History of the Jupiter Missile System, James Grimwood, Frances Stroud, U.S. Army Ordnance Missile Command, July 27, 1962
Missile Defense Project, "SM-78 Jupiter," Missile Threat, Center for Strategic and International Studies

Abbildung 45: Start einer militärischen Jupiter

Datenblatt Juno II				
Einsatzzeitraum: Starts: Zuverlässigkeit: Abmessungen: Startgewicht: Max. Nutzlast: Startkosten:	1958 – 1961 10, davon 6 Fehlstarts 40 Prozent erfolgreich 23,73 m Höhe, 2,67 m Durchmesser 55.110 kg 54 kg in einen 500 km hohen LEO-Orbit (40 kg strukturelle Beschränkung) 20 kg zum Mond 2,9 Millionen Dollar, davon Trägerkosten: 1,7 Millionen Dollar			
	Jupiter	**Recruit**	**Recruit**	**Recruit**
Länge:	18,58 m	1,30 m	1,30 m	1,30 m
Durchmesser:	2,67 m	0,86 m	0,41 m	0,15 m
Startgewicht:	54.441 kg	327 kg	94 kg	27 kg
Trockengewicht:	4.274 kg	96 kg	31 kg	6 kg
Schub Meereshöhe:	667,2 kN	–	–	–
Schub Vakuum:	758,2 kN	11 × 6,67 kN	3 × 6,67 kN	1 × 6,67 kN
Triebwerke:	1 × S-3D / LR-79	11 × Recruit	3 × Recruit	1 × Recruit
Spezifischer Impuls (Meereshöhe):	2.424 m/s	2.012 m/s	2.012 m/s	2.012 m/s
Spezifischer Impuls (Vakuum):	2.766 m/s	2.305 m/s	2.305 m/s	2.305 m/s
Brenndauer:	183,6 s	6,5 s	6,5 s	6,5 s
Treibstoff:	LOX / RP-1	Ammoniumperchlorat/Polysulfide	Ammoniumperchlorat/Polysulfide	Ammoniumperchlorat/Polysulfide

Abbildung 46: Die Nase der Jupiter

Juno IV

Im Februar 1958 gab es ein „Juno-Meeting“ mit von Braun und dem JPL in dem die Evolution der Juno II diskutiert wurde. Das Oberstufenbündel des JPL setzte der Nutzlast eine enge Grenze. Es wurde die Arbeit an zwei Oberstufen begonnen, die Juno IV sollten bis zur fünffachen Nutzlast der Juno II aufweisen. Später kam auch noch eine Juno V dazu.

Diese Pläne waren sehr kurzlebig, denn schon am 1.5.1958 beschloss das Verteidigungsministerium, das nur eine Waffengattung sich um Raketen größerer Reichweite und um die Weltraumaktivitäten kümmern sollte: die Air Force. Damit wanderte die Verantwortlichkeit komplett zur ARPA, die den Army-Projekten nur eine geringe Priorität einräumte. Als am 1.10.1958 die NASA gegründet wurde, war sie für den zivilen Einsatz zuständig. Sie führte das Juno II Programm weiter, aber nicht weitergehende Erweiterungen wie die Juno III/IV.

Die Juno IV war eine deutliche Weiterentwicklung der Juno II. Erste Mittel gab es im August 1958, schon am 16.10.1958 wurde es wieder eingestellt. Einige der Resultate wurde in das von der NASA finanzierte Vega-Projekt (eine Oberstufe für die Atlas) übernommen, das allerdings auch zugunsten der Entwicklung der Centaur eingestellt wurde.

Die Juno III als nächste Version basierte auf der Juno II, hatte ebenso wie diese ein Bündel von Oberstufen, allerdings etwas größere Feststofftriebwerke von der Grand Central Rocket Company. Diese Version sollte etwa 20 Prozent mehr Nutzlast als die Juno II aufbringen. Auch die Juno III blieb ein Papierprojekt. Die Juno IV sollte die Nutzlast dagegen um den Faktor fünf bis zehn steigern.

Die Wahl der Oberstufen erfolgte nach Analyse von potenziellen Nutzlasten für diese Rakete. Es wurde geschlussfolgert, das für die größere Oberstufe ein Schub von 45.000 Pfund (200 kN) und für die kleinere Oberstufe ein Schub von 6.000 Pfund (26,7 kN) benötigt wurde. Gemessen an der Masse der Stufen ist dies für die größere Stufe ein hoher Schub. Das war aber damals „normal“. Die Able Oberstufe der Vanguard hatte 33 kN Schub bei nur 2 t Masse und die erste Agena 71 kN bei

3,7 t Masse. Warum das vorhandene Triebwerk AJ-10 mit 33 kN Schub allerdings für die kleinere Oberstufe nicht in Betracht gezogen wurde, geht aus dem Report nicht hervor.

Beide Oberstufen hatten denselben Durchmesser und waren so austauschbar, das heißt eine Juno IV konnte entweder mit beiden Oberstufen oder nur mit der größeren oder kleineren Oberstufe eingesetzt werden. Der gleiche Durchmesser erlaubte dies, da es so nur einen Adapter zwischen Jupiter und Oberstufe gibt. Beide Oberstufen hatten getrennte Tanks.

Das größere Triebwerk konnte aus dem vorhandenen Grand Central GE-405H Triebwerk mit 33.000 Pfund (150 kN) Schub entwickelt werden. Es gab bis Einstellung des Programms drei Zündungen einer schubgesteigerten Version des GE-405H Triebwerks. Der Schub von 6.000 Pfund für die dritte Stufe erfolgte aufgrund der vorhandenen Beschränkungen von Testständen. Als Treibstoff für beide Stufen wurden Hydrazin und Stickstofftetroxid im Mischungsverhältnis von 1: 1,1 gewählt.

Beide Stufen hatten einen Durchmesser von 70 Zoll (178 cm) und bestanden aus der Standard Aluminiumlegierung Al 2014-T6. Die Verschweißung erfolgte mit derselben Technik wie bei der Thor-Mittelstreckenrakete. Die Treibstoffförderung erfolgte bei der größeren Oberstufe durch ein „hybrides System“, das bei Untersuchungen am besten in Bezug auch Performance und Gewicht abschnitt. Dabei gibt es einen eigenen Hydrazintank für den Gasgenerator. Er spaltet das Hydrazin katalytisch in Stickstoff und Wasserstoff, dabei wird Energie frei. Dieses heiße Gasgemisch wird genutzt, um den Hydrazintank zu beaufschlagen. Beim Oxidatortank ist es dagegen Helium aus vier Heliumflaschen das durch einen Wärmeaustauscher am Triebwerk erhitzt wird.

Als Tankdruck dieser Druckgasförderung wurde 23 bar selektiert. Die Brennkammer arbeitete mit 13,8 Bar. Ein Teil des heißen Gases des Gasgenerators für den Hydrazintank wurde genutzt, um die Rollachsendüsen mit 156 N Schub zu betreiben. In Nick- und Gierachse war das Triebwerk schwenkbar. Das Triebwerk hat eine Düse mit einem Expansionsverhältnis von 20.

Auch für die kleinere Stufe wurde die Kombination Hydrazin / Stickstofftetroxid gewählt, ebenfalls in Druckgasförderung. Die Druckbeaufschlagung erfolgte hier aber alleine durch Helium, dass am Triebwerk erhitzt wird. Hier betrug der Tankdruck 17,2 Bar und der Brennkammerdruck 10,3 Bar. Die Düse hat ein Expansionsverhältnis von 25.

Die Jupiter konnte nicht voll betankt werden, da eine Startmasse von 137.500 Pfund (62.400 kg) als Obergrenze für die Rakete gesetzt wurde. Die Stufentrockenmassen wurden von mir geschätzt, der maximale Treibstoffvorrat steht dagegen fest.

Die Rakete war nicht zu Ende spezifiziert, selbst die Treibstoffkombination war noch in der Diskussion. Das Triebwerk der größeren Oberstufe sollte z.B. beim Vega-Projekt eingesetzt werden, dort aber mit LOX/RP-1 als Treibstoff.

Die Treibstoffzuladung war in allen Stufen variabel, weil sie bei voller Befüllung aller Stufen nicht hätte abheben können. Die Jupiter fasste zwischen 40.800 und 51.200 kg Treibstoff, die große Oberstufe zwischen 9.500 und 11.100 kg Treibstoff, die kleine zwischen 1.790 und 4.080 kg Treibstoff. Die Trockenmasse ist geringem Maße anpassbar, indem man Heliumdruckgasflaschen weglässt. Ebenso wurde überlegt, Kerosin in der Jupiter durch Hydrazin zu ersetzen, weil dies einen leicht höheren spezifischen Impuls versprach. Wahrscheinlich setzte man auch auf die Weiterentwicklung des Triebwerks, das bei der Thor, wo es auch eingesetzt wurde, am Schluss einen Schub von 720,8 kN beim Start hatte, also rund 4 t mehr befördern konnte.

Für Hochenergiemissionen wäre die Juno IV mit einer nicht spezifizierten festen vierten Stufe ausgerüstet worden. Das Datenblatt basiert auf den maximalen Treibstoffmassen und gängigen Trockenmassen für ähnliche Stufen. Ich komme aber nicht auf die genannte hohe Nutzlast. Die im Datenblatt skizzierte Version kommt auf etwa 600 kg Nutzlast in einen 200 km Orbit. Die dritte Stufe hatte ein Strukturlimit von 1.360 kg für die Nutzlast.

Datenblatt Juno IV			
Abmessungen: Startgewicht: Max. Nutzlast:	2,67 m Durchmesser, 30,35 m Höhe max. 62.370 kg 490 kg in einen 480 km LEO (kleine Oberstufe) 998 kg in einen 480 km LEO (beide Oberstufen) 131 kg in einen GSO (beide Oberstufen + Kickstufe) 163 kg in eine Mondtransferbahn (beide Oberstufen) 167 kg zum Mars (beide Oberstufen + Kickstufe)		
	Jupiter	**Stufe 2**	**Stufe 3**
Länge:	18,58 m	~6,20 m	
Durchmesser:	2,67 m	1,78 m	1,78 m
Startgewicht:	44.070 kg	~ 12.935 kg	~ 4.093 kg
Trockengewicht:	4.271 kg	~ 1.800 kg	~ 680 kg
Schub Meereshöhe:	667,2 kN		
Schub Vakuum:	758,2 kN	200 kN	26,7 kN
Triebwerke:	1 × S-3D	GE-405H	
Spezifischer Impuls (Meereshöhe):	2.404 m/s	2.511 m/s	2.531 m/s
Spezifischer Impuls (Vakuum):	2.766 m/s	2.837 m/s	2874 m/s
Brenndauer:	150 s	135 s	450 s
Treibstoff:	LOX / RP-1	Hydrazin / Stickstofftetroxid	Hydrazin / Stickstofftetroxid

Abbildung 47: Das Heck der Jupiter mit dem Triebwerk S-3D / L89

Starts früher US-Trägerraketen

Datum	Nutzlast	Trägerrakete	Trägernummer	Startplatz	Umlaufbahn	Erfolg
06.12.1957	Vanguard	Vanguard	TV-3	CC LC18A		–
01.02.1958	Explorer 1	Jupiter C	RS-29	CC LC26A	358 km × 2.550 km × 33,24 Grad	√
05.02.1958	Vanguard	Vanguard	TV-3BU	CC LC18A	654 km × 3.969 km × 34,25 Grad	–
05.03.1958	Explorer 2	Jupiter C	RS/CC-26	CC LC26A		–
17.03.1958	Vanguard I	Vanguard	TV-4	CC LC18A	654 km × 3.969 km × 34,25 Grad	√
26.03.1958	Explorer 3	Jupiter C	RS-24	CC LC5	186 km × 2.799 km × 33,34 Grad	√
29.04.1958	Vanguard	Vanguard	TV-5	CC LC18A		–
28.05.1958	Vanguard	Vanguard	SLV-1	CC LC18A		–
26.06.1958	Vanguard	Vanguard	SLV-2	CC LC18A		–
25.07.1958	NOTS 1	Project Pilot	1	F4D-1 747,NOTS RW		–
26.07.1958	Explorer 4	Jupiter C	RS/CC-44	CC LC5	263 km × 2.213 km × 50,3 Grad	√
12.08.1958	NOTS 2	Project Pilot	2	F4D-1 747,NOTS RW		–
22.08.1958	NOTS 3	Project Pilot	3	F4D-1 747,NOTS RW		–
24.08.1958	Explorer 5	Jupiter C	RS/CC-47	CC LC5		–
25.08.1958	NOTS 4	Project Pilot	4	F4D-1 747,NOTS RW		–
26.08.1958	NOTS 5	Project Pilot	5	F4D-1 747,NOTS RW		–
28.08.1958	NOTS 6	Project Pilot	6	F4D-1 747,NOTS RW		–
26.09.1958	Vanguard	Vanguard	SLV-3	CC LC18A		–
23.10.1958	Beacon	Jupiter C	RS/CC-49	CC LC5		–
06.12.1958	Pioneer 3	Juno II	AM-11	CC LC5	108.000 km max. Erdentfernung	√
17.02.1959	Vanguard II	Vanguard	SLV-4	CC LC18A	559 km × 3.332 km × 32,88 Grad	√
03.03.1959	Pioneer 4	Juno II	AM-14	CC LC5	Mondpassage in 59.455 km	√
14.04.1959	Vanguard	Vanguard	SLV-5	CC LC18A		–
22.06.1959	Vanguard	Vanguard	SLV-6	CC LC18A		–
16.07.1959	NASA S-1	Juno II	AM-16	CC LC5		–
15.08.1959	Beacon	Juno II	AM-19B	CC LC26B		–
18.09.1959	Vanguard III	Vanguard	SLV-7	CC LC18A	512 km × 3.750 km × 33,55 Grad	√
13.10.1959	Explorer 7	Juno II	AM-19A	CC LC5	556 km × 1,088 km × 50.3 Grad	√
23.03.1960	NASA S-46	Juno II	AM-19C	CC LC26B		–
03.11.1960	Explorer 8	Juno II	AM-19D	CC LC26B	370 km × 2.341 km × 49,9 Grad	√
25.02.1961	NASA S-45	Juno II	AM-19F	CC LC26B		–
27.04.1961	Explorer 11	Juno II	AM-19E	CC LC26B	497 km × 1.793 km × 28,49 Grad	√
24.05.1961	NASA S-45A	Juno II	AM-19G	CC LC26B		–

Abbildung 48: Start von Explorer 7 an Bord einer Juno II am 13.10.1959

Projekt Pilot

Erst um die Jahrtausendwende wurde bekannt, dass die US-Navy schon 1958 versuchte von einem Flugzeug aus einen Satelliten in einen Orbit zu befördern. Dies war in zwei Etappen vorgesehen: Die Pilot-1 wurde für Tests vom Boden aus eingesetzt. Sie hatte nur eine aktive Stufe, die Oberstufen waren Ballast. Die Satelliten sollten mit der Pilot-2 von einer F-6A Skyray gestartet werden. Zehn Tests wurden zwischen Juli und August 1958 durchgeführt. Davon waren vier vom Typ Pilot 2. Durchgeführt wurde die Testreihe von der **N**aval **O**rdonnance **T**est **S**tation (NOTS), einem Navy-Testgelände in Nevada.

Beim Satellitenstart flog die F-6 eine Parabel und die vierstufige Rakete wurde in 12,4 km Höhe bei einer Geschwindigkeit von 742 km/h abgetrennt. Alle Stufen der Pilot-2 waren Feststoffantriebe. Damit war sie die erste reine Feststoffrakete. Die ersten beiden Stufen bestanden aus einem militärischen HOTROC Antrieb, wie er in einer U-Boot Abwehrrakete zum Einsatz kam. Daher brannte die Stufe nur

Abbildung 49: Pilot-2 Rakete unter der A-6 Skyraider

knapp fünf Sekunden. Vor der Zündung der zweiten Stufe gab es eine Freiflugphase von zwölf Sekunden. Nach dem Ausbrennen der zweiten Stufe folgte eine weitere Freiflugphase von 100 Sekunden. In einer Höhe von 70,4 km zündete die dritte Stufe. Sie setzte den X-241 Antrieb ein, eine Variation der Altair Stufe der Vanguard Rakete (siehe S.53). Der X-241 Motor brannte 36 s lang. Nach weiteren drei Sekunden zündete ein von der NOTS entwickelter Feststoffantrieb. Er beschleunigte den Satelliten auf eine Geschwindigkeit von 8440 m/s. Er sollte in eine 60 × 2.400 km Umlaufbahn gelangen. Durch das niedrige Perigäum musste der Orbit im Apogäum nach 53 Minuten durch einen weiteren Antrieb zirkularisiert werden. Er war im Satelliten integriert. Die Nutzlast sollte in einen 2.255 × 2.400 km hohen polaren Erdorbit gelangen.

Der nur 1,05 kg schwere, batteriebetriebene Satellit wurde nach dem Sputnik „NOTSNIK“ genannt. Er war scheibenförmig mit einem Durchmesser von 20 cm. Als einzige Nutzlast trug er eine Infrarotdiode, die durch die Rotation des Satelliten zeilenweise ein grobes Bild der Erde aufnehmen sollte. NOTSNIK war ein Technologieexperiment für die Entwicklung späterer Überwachungssatelliten. 60 MINITRACK Stationen rund um die Erde sollten die Daten des Satelliten empfangen, denn es gab keine Datenspeicherung an Bord. Bei zwei Starts wurde unmittelbar nach der Stufentrennung ein Signal empfangen, welches jedoch nicht auswertbar war. Es ist offen, ob ein Satellit einen stabilen Orbit erreichte oder die fünfte Stufe versagte. Dann wäre er beim nächsten Durchlaufen des erdnächsten Punktes verglüht. Eventuell überlebte die Nutzlast auch die hohen Beschleunigungen von bis zu 40 g nicht. Vieles an dem Projekt war riskant. Zum Beispiel war die erste Stufe nur durch Flügel stabilisiert und verfügte nicht über eine aktive Lageregelung.

Zwei Jahre später wurde eine verbesserte Version der Pilot unter der Bezeichnung Caleb als Antisatellitenwaffe getestet. Bei einem von drei Starts wurde eine maximale Höhe von 1.165 km erreicht. Erst 32 Jahre später sollte das Konzept eines Starts vom Flugzeug aus mit der Pegasus erneut aufgegriffen werden. Die Starts finden sie zusammen mit denen der Juno I+II auf S.141.

Datenblatt Projekt Pilot					
Einsatzzeitraum: Starts: Zuverlässigkeit: Abmessungen: Startgewicht: Max. Nutzlast:	1958 4, davon 4 Fehlstarts (Pilot 2), 6 suborbitale Versuche (Pilot 1) 0 Prozent erfolgreich Länge 4,40 m, Durchmesser: 0,76 m 900 kg 1,05 kg in einen polaren 2.250 km hohen Orbit				
	HOTROC	**HOTROC**	**Altair 1**	**NOTS 8**	**Apogäumsantrieb**
Länge:	1,80 m	1,80 m	1,50 m	0,50 m	0,10 m
Durchmesser:	0,30 m	0,30 m	0,46 m	0,20 m	0,08 m
Startgewicht:	200 kg	200 kg	238 kg	10 kg	1 kg
Trockengewicht:	54 kg	54 kg	25 kg	3 kg	0,6 kg
Schub Meereshöhe:	–	–	–	–	–
Schub (maximal):	2 × 63,2 kN	2 × 63,2 kN	12,1 kN	5,14 kN	0,765 kN
Triebwerke:	1 × HOTROC	1 × HOTROC	1 × X-241	1 × NOTS 8	
Spezifischer Impuls (Meereshöhe):	–	–	–	–	–
Spezifischer Impuls (Vakuum):	2.025 m/s	2.025 m/s	2.251 m/s	2.200 m/s	1913 m/s
Brenndauer:	4,86 s	4,86 s	36 s	5,7 s	1 s
Treibstoff:	fest	fest	Ammoniumperchlorat/ Aluminium / PVC	fest	fest

Abbildung 50: Drei Ansichten der Rakete von Projekt Pilot

Scout

Die Scout ersetzte die Vanguard und Juno. Im Vergleich zur Größe dieser ersten Träger war ihre Nutzlast bescheiden. So beschloss die NASA im Mai 1958, die Scout als neuen Träger für kleine Satelliten zu entwickeln. Das war möglich, weil Ende der fünfziger Jahre die noch heute eingesetzte Technologie zur Herstellung fester Treibstoffe entwickelt wurde. Es gelang, Verbrennungsträger und Oxidator mit Polymeren zu binden. Damit konnte man das explosionsträchtige „Pulverstopfen" vermeiden. Zudem wiesen die neuen Feststoffe auf Basis von Kunstharzen mit Ammoniumperchlorat als Oxidator und Aluminium als Verbrennungsträger höhere spezifische Impulse auf. Ihre Leistung war wesentlich höher als die früherer Treibstoffe auf Nitrat- beziehungsweise Nitrobasis mit Polysulfiden als Bindemittel. Dies führte dazu, das zahlreiche militärische Feststoffraketen konstruiert wurden, die sehr bald die Atlas und Titan ersetzten.

Die Scout sollte nur aus Stufen mit festen Treibstoffen aufgebaut sein. Dadurch wurden die Entwicklungs- und Produktionskosten gesenkt. Bei einer Zuverlässigkeit von 90 Prozent sollte die Scout mindestens 60 kg Nutzlast in den Orbit transportieren. Die Entwicklung erfolgte zwischen 1.3.1959 und 1961. Sie wurde auch als Höhenforschungsrakete und für Wiedereintrittstests des Militärs genutzt. Die Bezeichnung Scout steht für **S**olid **Co**ntrolled **U**tility **T**est. Den Entwicklungsauftrag für die Scout erhielt im April 1959 die Vought Aerospace Corporation.

Alle Stufen bekamen Namen von Sternen. Die erste Stufe Algol wurde nach dem veränderlichen Stern im Sternbild Perseus benannt. Er ist der zweithellste Stern nach dem helleren, aber weniger bekannten Mirfak. Die zweite Stufe wurde nach Castor, ebenfalls dem zweithellsten Stern des Sternbilds Zwillinge (nach Pollux) benannt. Er ist ein Doppelstern. Antares ist der hellste Stern des Sternbilds Skorpion. Er zählt zu den Überriesen, den größten Sternen. Sein Durchmesser ist 700-mal größer als der der Sonne. Dagegen ist Altair, nach dem die vierte Stufe benannt wurde, ein Hauptreihenstern wie unsere Sonne, aber 11-mal lichtstärker. Er ist der hellste Stern des Sternbilds Adler. Bei der Scout F wurde eine fünfte Stufe eingesetzt, die Alcyone. Alkione, wie sie im Deutschen heißt, ist der hellste Stern des Siebengestirns, der Plejaden, einem der auffälligsten Herbststernbilder.

Einige der Stufen der Scout wurden auch in anderen Raketen eingesetzt. So fungierten die Castor I+II als Booster für Thor/Delta Raketen und die Altair als Oberstufe für Atlas und Delta. Die Antares wurde für Wiedereintrittsversuche auf der Atlas genutzt. Ein Einsatz der Algol als Startbooster für die Delta wurde erwogen. Aus ihr entstand schließlich der Castor IV Booster. Gebündelte Castor- und Algolstufen wurden für die Tests der Fluchttürme im Mercury und Apollopogramm eingesetzt. Die schnelle Entwicklung der Scout gelang, weil schon verfügbare Stufen kombiniert wurden. So stammten:

- Die erste Stufe (Algol) von der Aerojet General Corporation. Sie war eine frühe Form der Polaris Erststufe.

- Die zweite Stufe (Castor) von Thiokol Chemical Corporation. Es war die erste Stufe der Sergeant MGM-29 Boden-Bodenrakete. Später wurde die Castor als Startbooster für die Thor- und Delta verwendet.

- Die dritte Stufe (Antares) vom Allegany Ballistics Laboratory. Sie entstand durch Strecken der Vanguard Drittstufe.

- Die vierte Stufe (Altair) stammte ebenfalls von der Vanguard. Die erste Version wurde vom United Technology Center produziert. Später wurde eine verbesserte Stufe vom Allegany Ballistics Laboratory verwendet.

- Die Bordelektronik stammte von Honeywell. Die fünfte Stufe von Hercules.

Die Verwendung von existierenden Stufen schlug sich in den niedrigen Entwicklungskosten von nur 1 – 2 Millionen Dollar bis zum Jungfernflug nieder. Allerdings machten Fehlstarts diese Kostenrechnung zunichte. Es dauerte Jahre, bis die operationelle A-Version zur Verfügung stand. Die Gesamtkosten lagen durch die zahlreichen Qualifikationsflüge erheblich höher.

Alle Stufen hatten kurze Brennzeiten, Freiflugphasen waren daher unvermeidbar. Keine der Feststoffstufen hatte schwenkbare Düsen. Stattdessen wurden einfache, aber wirkungsvolle Mechanismen zur Schubvektorkontrolle eingesetzt.

Die Algol IIA Erststufe wurde durch hydraulisch betätigte Strahlruder im Abgasstrahl gesteuert. Zusätzlich stabilisierten aerodynamische Finnen die Stufe während der Freiflugphase. Die Algol verfügte über eine Düse mit einem niedrigen Expansionsverhältnis von 7,32, da sie am Boden gezündet wurde. Der Abbrand des Treibstoffs war progressiv. Der Schub stieg kontinuierlich an, um ein Maximum von etwa 500 bis 520 kN nach 44 s zu erreichen. Danach sank er schnell ab. Nach 68,2 Sekunden war die Stufe ausgebrannt.

Der Castor 1 Booster als zweite Stufe bestand aus der Stahllegierung SAE 4130 mit einer Wandstärke von 2,80 mm. Eine Änderung gegenüber dem Booster, der als Startunterstützung für die Thor benutzt wurde, bestand in einer längeren Expansionsdüse für den Thiokol XM33 Antrieb. Sie hatte ein Expansionsverhältnis von 15,8. Sein Abbrand war nach einer Zündungsspitze linear. Nach 29 s sank der Schub schnell ab und nach 42,5 Sekunden war der Booster ausgebrannt. Die Castor I wurden von 1962 bis 1968 als Booster bei der TAT Agena B/D, SLV-2A Agena und Delta D bei insgesamt 64 Starts eingesetzt.

Die beiden Oberstufen Antares und Altair bestanden zur Gewichtseinsparung aus gewebten Glasfasern, verbunden durch Epoxidharz. Die Wandstärke betrug bei der Antares 2,54 mm und bei der Altair 1,40 mm.

Die Antares war zur Strukturverstärkung mit dünnem Aluminiumblech umhüllt. Die Expansionsdüse hatte ein Expansionsverhältnis von 17,93. Der Abbrand der Antares wies ein Maximum nach 14 s auf. Danach sank der Schub leicht ab. Nach 30 Sekunden war der Treibstoff weitgehend verbraucht und der Schub fiel nun schneller ab. Nach 36,2 s war die Stufe ausgebrannt.

Die Altair wies die längste Expansionsdüse auf und hatte das beste Voll-/Leermasseverhältnis aller vier Stufen. Bei den unteren Stufen wurden Metalle für die Hüllen verwendet. Außerdem waren noch Systeme für die Steuerung installiert, z. B. Finnen, hydraulisch bewegte Strahlruder und Schubvektorkontrollsysteme. Die Altair dagegen war ein einfacher Feststoffantrieb ohne aktive Steuerung. Sie wurde von der dritten Stufe vor der Zündung ausgerichtet und stabilisiert. Die Altair wurde auf der Bahnhöhe gezündet und brachte den Großteil der Orbitalgeschwindigkeit auf. Sie musste daher leicht sein und den höchsten spezifischen Impuls aufweisen. Zwischen dem Ausbrennen der Dritten und der Zündung der vierten Stufe gab es die längste Freiflugphase.

Die Herstellungskosten der Scout betrugen 1963 etwa 465.000 Dollar. Die Startkosten beliefen sich damals auf etwa 1 Million Dollar. England zahlte für den Start seines Ariel 2 Satelliten 1964 auf einer Scout X-3 1,2 Millionen Dollar. Für den Transport der Satelliten Ariel 3 und San Marco 1, jeweils auf der Scout X-4, wurden zusammen 2,85 Millionen Dollar berechnet. Die Entwicklungskosten der NASA von 1959 bis 1963 betrugen 27,048 Millionen Dollar. Das war gemessen an der Leistung der Rakete eine beachtliche Summe (dafür hätte die NASA z. B. vier Atlas Agena B oder sieben Delta Raketen mit einem Vielfachen der Nutzlast kaufen können. Im Jahre 2.016 entspricht dies einer Summe von 215 Millionen Dollar). Dies lag daran, dass die Scout erst nach neun Flügen, von denen nur fünf erfolgreich waren, als qualifiziert galt.

Die Scout hatte eine Länge von 21,70 m. Daran schloss sich die Nutzlasthülle an. Die Nutzlastverkleidung hatte anfangs ein Volumen von 0,19 m³, bei einem Durchmesser von 0,51 m. Sie saß auf der vierten Stufe. Das erwies sich schnell als zu klein. In der Folge wurden immer größere Verkleidungen mit 63, 83 und 102 cm Durchmesser eingeführt, welche dann die vierte Stufe umschlossen. Sie waren relativ schwer, da sich die Hülle durch die hohe Beschleunigung die Rakete beim Passieren der Stratosphäre stark aufheizte. In den entsprechenden NASA Dokumenten ist auch von einem „Heatshield“ anstatt der Nutzlastverkleidung die Rede. Die Hülle bestand aus einer Monocoquestruktur aus Glasfasern in Phenolharz. Sie war mit Kork überzogen, um die Hitzeaufnahme zu verringern. Die Spitze bestand aus der hitzebeständigen Legie-

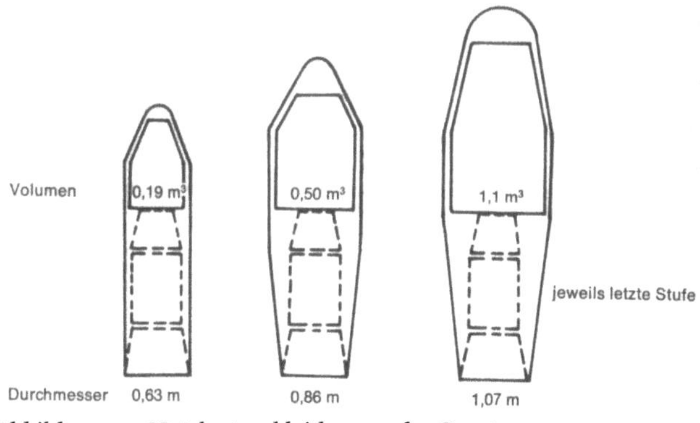

Abbildung 51: Nutzlastverkleidungen der Scout

rung Inconel. Die Standardhülle hatte einen Durchmesser von 0,63 m. Der zylinderförmige Teil hatte eine Höhe von 0,75 m. Antennen oder Ausleger konnten im Raum zwischen der vierten Stufe und der Verkleidung untergebracht werden. Hier stand ein Ringzylinder von 0,51 m Innen-, 0,63 m Außendurchmesser und 1,27 m Höhe zur Verfügung.

Die Stabilisierung und Lenkung einer Feststoffrakete unterscheidet sich naturgemäß deutlich von einer mit flüssigen Treibstoffen angetriebenen Rakete. Während der Antriebsphase der Algol waren hydraulisch betriebene Strahlruder aus Molybdän aktiv. Die Finnen aus Stahl gewährleisteten die Stabilität nach dem Brennschluss. Durch die kurze Brennzeit erfolgte dieser noch in der dichteren Atmosphäre. In der zweiten und dritten Stufe wurde eine Schubvektorsteuerung eingesetzt. Ein System der Firma Kidde spritzte 90-prozentiges Wasserstoffperoxid in den Düsenhals ein. Die Einspritzung erhöhte lokal den Schub. Dieses System setzte in der zweiten Stufe vier Triebwerke mit jeweils 2.226 N Schub ein. Sie waren in Abständen von 90 Grad um die Düse angeordnet. Dazu kamen vier Triebwerke mit jeweils 89 N Schub für die Rollsteuerung. Bei der dritten Stufe hatten die Triebwerke zur Schubvektorkontrolle einen Schub von viermal 196 N. Die vier Triebwerke zur Rollachsenkontrolle wiesen einen Schub von 9,8 N auf.

Die Avionik befand sich oberhalb der dritten Stufe. Sie richtete die vierte Stufe mit der Nutzlast vor der Zündung der Altair aus. Sechs Sekunden vor der Zündung bringen vier tangentiale Kaltgastriebwerke die Antares und Altair in Rotation um die Rollachse. Die Rotationsrate betrug 140 bis 180 Umdrehungen pro Minute. Sie konnte durch die Temperatur des Gases vorgegeben werden, hing aber auch von der Größe der Nutzlast und ihrem Schwerpunkt ab. Danach wurde die Altair von der Antares (die das Steuersystem beinhaltete) abgetrennt.

Die erste Stufe wurde durch einen elektrischen Zündfunken einer 37-V-Batterie gezündet. Bei den oberen Stufen übernahmen pyrotechnische Zünder diese Aufgabe. Parallel zur Zündung der Antares wurde die Nutzlastverkleidung pyrotechnisch abgetrennt.

In 11 km Höhe passierte die Rakete die Zone maximaler aerodynamischer Belastung. Dabei trat ein Druck von bis zu 1,08 bar auf. Zwischen Ausbrennen der Algol und Zündung der Castor gab es eine Freiflugphase, bis sie eine Höhe von 40 km erreicht hatte. Erst dann erfolgte die Stufentrennung und die Zündung der Castor. Solange mussten die Stufen verbunden bleiben, um die Scout aerodynamisch durch die Finnen zu stabilisieren.

Die Zündung der Castor erfolgte durch einen Zeitgeber. Zwischen der Zündung der Antares und dem Ausbrennen der Castor gab es eine kurze Freiflugphase von 5 s Dauer. Dadurch sollte der Schub der zweiten Stufe abklingen und eine Kollision der Stufen verhindert werden. Die Altair Oberstufe wurde nach einer weiteren Freiflugphase von mindestens 30 Sekunden gezündet. Die Freiflugphasen waren wegen der kurzen Brenndauer notwendig, da die letzte Stufe in der Höhe des späteren Orbits gezündet werden musste. Charakteristisch für die Scout waren hohe Bahnabweichungen von den Sollwerten, die durchaus bei 100 km liegen konnten. Sie resultierten aus Schwankungen des spezifischen Impulses, des Leergewichts und von äußeren Einflüssen wie z. B. Winden. Spätere Raketen mit Feststofftriebwerken setzten in der Avionik kleine Triebwerke mit flüssigen Triebwerken ein, um diese Störungen zu verringern und die Bahngenauigkeit zu erhöhen.

Die Steuerung von Honeywell war in der dritten Stufe untergebracht. Das Neigeprogramm für die Gyroskope, die geneigt wurden, um die Bahn vorzugeben, wurde vor dem Start programmiert. Die letzte Stufe hatte keine eigene Steuerung. Wäre die Steuerung (wie bei anderen Raketen) in der letzten Stufe untergebracht worden, so wäre die Nutzlast einer Scout minimal gewesen. Das ist auch bei neuen Trägern so. Japans Epsilon verzichtet ebenfalls auf eine Steuerung in der letzten Stufe.

Das Telemetriesystem der Scout war ebenfalls zweigeteilt, um Gewicht einzusparen. Für die Stufe eins bis drei sendete ein Teledynamics TDD-1010A bei 225 bis 260 MHz mit 10 Watt Sendeleistung die Daten von 54 Messstellen. Das Telemetriesystem der vierten Stufe sendete bei 215 bis 260 MHz mit nur 2 Watt Sendeleistung lediglich zehn Messparameter zum Boden. An der Seite der dritten Stufe war ein RADAR-Verfolgungssender angebracht. Er gab ein 500 Watt starkes Signal ab.

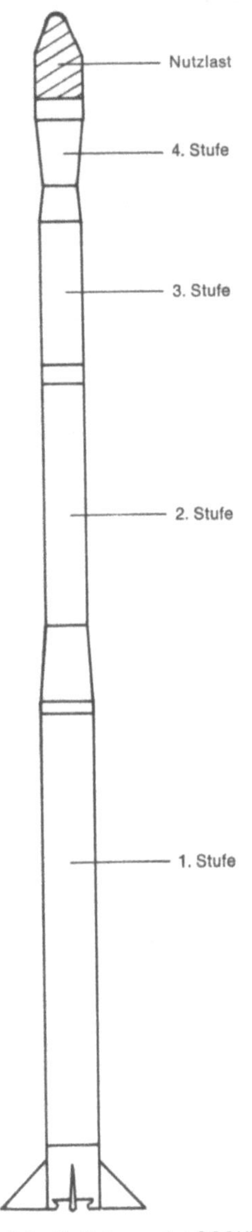

Abbildung 52: Aufbau der Scout

Die Scout hatte ein vorgegebenes Aufstiegsprofil. Ein Zeitgeber, der beim Abtrennen der Verbindungsleitung zum Startturm startete, führte zu bestimmten Zeiten eine Neigung der Gyroskope durch. Diese induzierten ein Moment, das verstärkt wurde. Es beeinflusste die Schubvektorsteuerung der ersten drei Stufen, bis die Neigung der Rakete wieder den Gyros entsprach. Die vierte Stufe wurde schließlich parallel zur Erdoberfläche ausgerichtet. Die Bahnhöhe, sowie die genaue Geschwindigkeit, wurde durch die Treibstoffzuladung, Brenndauer und eingeschobene Freiflugphasen vorgegeben. Es gab keine aktive Kompensation der äußeren Einflüsse, was die große Bahnabweichungen erklärt.

Die Scout startete von mehreren Startplätzen: Wichtigster Weltraumbahnhof für Bahnen von 22 bis 82 Grad Neigung war Wallops Island vor der Küste Virginias. Starts in sonnensynchrone Umlaufbahnen fanden von der **V**andenberg **A**ir **F**orce **B**ase (VAFB) in Kalifornien statt (34 bis 144 Grad). Die Scout nutzte auch den Navy Stützpunkt Point Arguello. Seit 1967 gab es zusätzlich die San Marco Plattform. Dies war eine von Italien umgebaute Ölbohrplattform vor der Küste Kenias. Sie ließ Bahnen mit einer Inklination von 0 – 80 Grad zu. Hier war die Nutzlast maximal. San Marco wurde genutzt, wenn die Nutzlast keinen Punkt der Erde passieren musste, z. B. bei kleinen astronomischen Satelliten. Als weiterer Vorteil kam man mit Bodenstationen rund um den Äquator aus. Die Scout wurde auch schräg mit einem Winkel von bis zu 20 Grad zur Vertikalen gestartet. Die Einsätze der Höhenforschungsrakete Blue Scout fanden von Cape Canaveral aus statt. Die Scout wurde an einem

Gitterrohrmast horizontal zusammengebaut und der Mast dann als Startgerüst in die Vertikale gedreht.

Die Scout wurde im Laufe der Zeit modernisiert, aber es gab keine großen Veränderungen. Weder wurden die Treibstoffmischungen modernisiert, noch die unteren Stufen auf leichtere Werkstoffe umgestellt. Auch die Lenkung mit Sekundäreinspritzung/Strahlenruder blieb. Die Rakete wurde dadurch aber auch sehr zuverlässig. Von den insgesamt zwölf Fehlstarts entfielen neun auf die Einführungsphase bis Ende 1964. Danach, bei den letzten 84 Starts, gab es nur drei Fehlstarts. Diese Bilanz war zu dieser Zeit erheblich besser als bei Atlas, Titan und Delta.

Bis 1976 hatte die NASA 34 Millionen Dollar für Entwicklungsarbeiten und 112 Millionen Dollar für Trägerraketen ausgegeben. Dazu kamen 40,1 Millionen Dollar vom DoD und von Drittländern. Bei 78 Starts entsprach dies 2,38 Millionen Dollar pro Träger (1,95 Mill. Dollar ohne Entwicklungskosten). Die Hardwarekosten blie-

Abbildung 53: Startkomplex der Scout auf Wallops Island im Jahre 1963

ben bis zum Schluss gering (für die Scout D-F wurden 1,31 Millionen pro Träger angegeben). Allerdings führten die Kosten für die Bodenanlagen sowie die Entwicklungskosten für neue Antriebe zu einem starken Preisanstieg.

Referenzen:

NASA Launch Vehicles Handbook
Peter Stache: Raumfahrt-Trägerraketen
Technical Note D-1639: Orbital Error Analysis of the Scout Research Vehicle
Horst W. Köhler, 100 × Raumfahrt
NASA-CR-111945: Scout first stage flight characteristics
To Reach the High Frontier: A History of U.S. Launch Vehicles

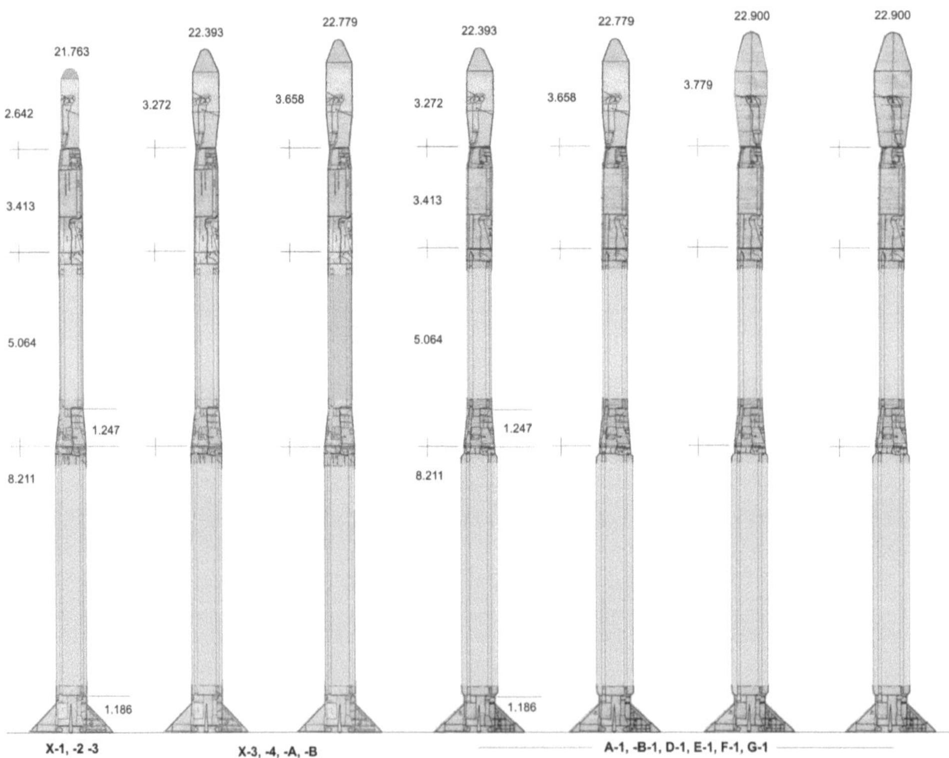

Abbildung 54: Die Versionen der Scout im Vergleich © der Grafik Norbert Brügge

Orbitale Starts der Scout (alle Versionen)

Nr.	Suc-cess	Date	Payload Name	Launch Vehicle	Vehicle Num-ber	Launch Site	Pad	Perigee	Apogee	Inclination
1	-	04.12.1960	NASA S-56	Scout X-1	ST-3	WI	LA3			
2	v	16.02.1961	Explorer 9	Scout X-1	ST-4	WI	LA3	635	2.581	38,86
3	-	30.06.1961	NASA S-55	Scout X-1	ST-5	WI	LA3			
4	v	25.08.1961	Explorer 13	Scout X-1	ST-6	WI	LA3	125	1164	37,7
5	-	01.11.1961	Mercury MS-1	Blue Scout II	D-8	CC	LC18B			
6	-	26.04.1962	SR 4B	Scout X-2	S111	PA	LC-D			
7	-	24.05.1962	FTV 3501	Scout X-2M	S112	PA	LC-D			
8	v	23.08.1962	FTV 3502	Scout X-2M	S117	PA	LC-D	606	861	98,63
9	v	16.12.1962	Explorer 16	Scout X-3	S115	WI	LA3	759	1170	51,99
10	v	19.12.1962	Transit VA-1	Scout X-3	S118	PA	LC-D	700	723	90,63
11	v	19.02.1963	OPS 0240	Scout X-3M	S126	PA	LC-D	504	791	100,48
12	-	05.04.1963	Transit VA-2	Scout X-3	S119	PA	LC-D			
13	-	26.04.1963	OPS 1298	Scout X-2M	S121	PA	LC-D			
14	v	16.06.1963	Transit VA-3	Scout X-3	S120	PA	LC-D	728	753	90,02
15	v	28.06.1963	GRS	Scout X-4	S113	WI	LA3	421	1298	49,74
16	-	27.09.1963	OPS 1610	Scout X-2B	S132	PA	LC-D			
17	v	19.12.1963	Explorer 19	Scout X-4	S122R	PA	LC-D	588	2.389	78,6
18	v	27.03.1964	Ariel 2	Scout X-3	S127R	WI	LA3	289	1343	51,65
19	v	04.06.1964	Transit VC	Scout X-4	S125R	PA	LC-D	862	945	90,5
20	-	25.06.1964	ESRS	Scout X-4	S128R	PA	LC-D			
21	v	25.08.1964	Explorer 20	Scout X-4	S134R	VS	PALC-D	869	1018	79,9
22	v	10.10.1964	Explorer 22	Scout X-4	S123R	VS	PALC-D	886	1079	79,69
23	v	06.11.1964	Explorer 23	Scout X-4	S133R	WI	LA3	464	978	51,96
24	v	21.11.1964	Explorer 24	Scout X-4	S135R	VS	PALC-D	542	2.480	81,35
25	v	21.11.1964	Explorer 25	Scout X-4	S135R	VS	PALC-D	528	2.492	81,35
26	v	15.12.1964	San Marco 1	Scout X-4	S137R	WI	LA3A	198	782	37,77
27	v	29.04.1965	Explorer 27	Scout X-4	S136R	WI	LA3A	936	1316	41,18
28	v	10.08.1965	EGRS V	Scout B	S131R	WI	LA3A	1136	2.424	69,24
29	v	10.08.1965	SEV	Scout B	S131R	WI	LA3A	1134	2.425	69,24
30	v	19.11.1965	SR VIII	Scout X-4	S138R	WI	LA3A	693	898	59,71
31	v	06.12.1965	FR-1	Scout X-4	S139R	VS	PALC-D	746	759	75,88
32	v	22.12.1965	NNS 30060	Scout A	S140C	VS	PALC-D	907	1084	89,1
33	v	28.01.1966	NNS 30070	Scout A	S142C	VS	PALC-D	864	1209	89,7
34	v	26.03.1966	NNS 30080	Scout A	S143C	VS	PALC-D	892	1123	89,72

35	v	22.04.1966	OV3-1	Scout B	S145C	VS	PALC-D	350	5736	82,45
36	v	19.05.1966	NNS 30090	Scout A	S146C	VS	PALC-D	857	981	90
37	v	10.06.1966	OV3-4	Scout B	S147C	WI	LA3A	643	4730	40,83
38	v	04.08.1966	OV3-3	Scout B	S148C	VS	SLC5	358	4479	81,47
39	v	18.08.1966	NNS 30100	Scout A	S149C	VS	SLC5	1052	1102	88,86
40	v	28.10.1966	OV3-2	Scout B	S150C	VS	SLC5	316	1588	81,97
41	-	31.01.1967	OV3-5	Scout B	S151C	VS	SLC5			
42	v	14.04.1967	NNS 30120	Scout A	S154C	VS	SLC5	1048	1080	90,25
43	v	26.04.1967	San Marco 2	Scout B	S153C	SMLC	-	210	683	2,9
44	v	05.05.1967	Ariel 3	Scout A	S155C	VS	SLC5	496	600	80,17
45	v	18.05.1967	NNS 30130-40	Scout A	S156C	VS	SLC5	1071	1102	89,58
46	-	30.05.1967	ESRO IIA	Scout B	S152C	VS	SLC5			
47	v	25.09.1967	NNS 30140-56	Scout A	S157C	VS	SLC5	1038	1115	89,29
48	v	05.12.1967	OV3-6	Scout B	S158C	VS	SLC5	403	434	90,66
49	v	02.03.1968	NNS 30180	Scout A	S162C	VS	SLC5	1025	1146	89,99
50	v	05.03.1968	SR IX	Scout B	S160C	WI	LA3A	509	882	59,42
51	v	17.05.1968	ESRO IIB	Scout B	S161C	VS	SLC5	329	1074	97,2
52	v	08.08.1968	Explorer 39	Scout B	S165C	VS	SLC5	684	2.514	80,69
53	v	08.08.1968	Explorer 40	Scout B	S165C	VS	SLC5	679	2.531	80,66
54	v	03.10.1968	Aurorae	Scout B	S167C	VS	SLC5	258	1490	93,76
55	v	01.10.1969	Boreas	Scout B	S172C	VS	SLC5	289	378	85,13
56	v	08.11.1969	Azur	Scout B	S169C	VS	SLC5	388	3142	102,97
57	v	27.08.1970	NNS 30190-28	Scout A	S176C	VS	SLC5	952	1222	90,03
58	v	09.11.1970	OFO	Scout B	S174C	WI	LA3A	287	506	37,43
59	v	09.11.1970	RM	Scout B	S174C	WI	LA3A	289	475	37,43
60	v	12.12.1970	Uhuru	Scout B	S175C	SMLC	-	534	572	3,03
61	v	24.04.1971	San Marco 3	Scout B	S173C	SMLC	-	224	677	3,23
62	v	08.07.1971	SR X	Scout B	S177C	WI	LA3A	435	631	51,05
63	v	16.08.1971	Eole	Scout B-1	S180C	WI	LA3A	676	905	50,15
64	v	15.11.1971	SSS 1	Scout B	S163CR	SMLC	-	234	2.6780	3,56
65	v	11.12.1971	Ariel 4	Scout B-1	S183C	VS	SLC5	473	589	82,99
66	v	13.08.1972	Explorer 46	Scout D-1	S184C	WI	LA3A	494	809	37,7
67	v	02.09.1972	Triad OI-1X	Scout B-1	S182C	VS	SLC5	741	837	90,13
68	v	15.11.1972	SAS 2	Scout D-1	S170CR	SMLC	-	444	631	1,9
69	v	22.11.1972	ESRO IV	Scout D-1	S185C	VS	SLC5	240	1124	91,12
70	v	16.12.1972	Aeros 1	Scout D-1	S181C	VS	SLC5	216	830	96,92
71	v	30.10.1973	NNS 30200-16	Scout A-1	S178C	VS	SLC5	897	1144	90,19

72	v	18.02.1974	San Marco 4	Scout D-1	S190C	SMLC	-	236	898	2,9
73	v	09.03.1974	Miranda	Scout D-1	S188C	VS	SLC5	709	917	97,81
74	v	03.06.1974	Hawkeye 1	Scout E-1	S191C	VS	SLC5	4430	122973	88,33
75	v	16.07.1974	Aeros 2	Scout D-1	S186C	VS	SLC5	218	829	97,45
76	v	30.08.1974	ANS	Scout D-1	S189C	VS	SLC5	256	1153	98,04
77	v	15.10.1974	Ariel 5	Scout B-1	S187C	SMLC	-	506	552	2,88
78	v	07.05.1975	SAS 3	Scout F-1	S194C	SMLC	-	502	509	3
79	v	12.10.1975	TIP 2	Scout D-1	S195C	VS	SLC5	484	583	90,43
80	-	06.12.1975	DAD-B	Scout F-1	S196C	VS	SLC5			
81	-	06.12.1975	DAD-A	Scout F-1	S196C	VS	SLC5			
82	v	22.05.1976	P76-5	Scout B-1	S179CR	VS	SLC5	984	1047	99,61
83	v	01.09.1976	TIP 3	Scout D-1	S197C	VS	SLC5	343	778	90,32
84	v	28.10.1977	Transat	Scout D-1	S200C	VS	SLC5	1062	1099	89,7
85	v	26.04.1978	HCMM	Scout D-1	S201C	VS	SLC5	610	632	97,6
86	v	18.02.1979	SAGE	Scout D-1	S202C	WI	LA3A	547	659	54,93
87	v	02.06.1979	Ariel 6	Scout D-1	S198C	WI	LA3A	599	653	55,03
88	v	30.10.1979	Magsat	Scout G-1	S203C	VS	SLC5	347	541	96,79
89	v	15.05.1981	NNS 30480-37	Scout G-1	S192C	VS	SLC5	1165	1189	90,07
90	v	27.06.1983	P83-1	Scout D-1	S205C	VS	SLC5	770	837	82,03
91	v	12.10.1984	NNS 30500-33	Scout G-1	S208C	VS	SLC5	1153	1202	90,05
92	v	03.08.1985	NNS 30300-20	Scout G-1	S209C	VS	SLC5	1003	1258	89,9
93	v	03.08.1985	NNS 30240-36	Scout G-1	S209C	VS	SLC5	1005	1261	89,83
94	v	13.12.1985	ITV 2 Canister	Scout G-1	S207C	WI	LA3A	313	721	37,07
95	v	13.12.1985	ITV 2 Balloon	Scout G-1	S207C	WI	LA3A	310	715	37,07
96	v	13.12.1985	ITV 1 Canister	Scout G-1	S207C	WI	LA3A	312	771	37,07
97	v	14.11.1986	P87-1	Scout G-1	S199C	VS	SLC5	961	1020	89,56
98	v	16.09.1987	NNS 30290-52	Scout G-1	S204C	VS	SLC5	1015	1186	90,32
99	v	16.09.1987	NNS 30270-07	Scout G-1	S204C	VS	SLC5	1017	1182	90,32
100	v	25.03.1988	San Marco 5	Scout G-1	S206C	SMLC	-	261	598	3

Suborbitale Starts der Scout:

Startdatum	Typ	Seriennummer	Bezeichnung	Startplatz	Pad	Spitzenhöhe	Resultat	Typ
18.4.1960	Scout X	SX-1	Cub Scout	WI	LA3	48	RF	Test
2.7.1960	Scout X-1	ST-1	-	WI	LA3	1380	RF	Test
4.10.1960	Scout X-1	ST-2	Radiation Probe	WI	LA3	5600	RS	Plasma
7.1.1961	Blue Scout I	D-3	HETS A1-1	CC	LC18B	1600	RS	Plasma/RF Astro.

3.3.1961	Blue Scout II	D-4	HETS A2-1	CC	LC18B	2.540	RS	Plasma
12.4.1961	Blue Scout II	D-5	HETS A2-2	CC	LC18B	1931	RS	Plasma
9..5.1961	Blue Scout I	D-6	HETS A1-2	CC	LC18B	10?	RF	Plasma
9.10.1961	Scout X-1	ST-7	P-21	WI	LA3	6855	RS	Plasma/Aeronautik
1.3.1962	Scout X-1A	ST-8	Reentry 1	WI	LA3	214	TS	Reentry Test
29.3.1962	Scout X-2	ST-9	P-21A	WI	LA3	6291	RS	Plasma/Aeronautik
12.4.1962	Blue Scout I	D-7	Reentry Test	CC	LC18B	30?	TF	Reentry Test
31.8.1962	Scout X-3A	S114	Reentry 2	WI	LA3	217	TS	Reentry Test
22.5.1963	Scout X-3	S116	RFD-1	WI	LA3	145	TS	Reentry Test
20.7.1963	Scout X-3A	S110	Reentry 3	WI	LA3	2?	TF	Reentry Test
20.7.1964	Scout X-4	S124R	SERT 1	WI	LA3A	4002	RS	Technologie
18.8.1964	Scout X-4A	S129R	Reentry 4	WI	LA3	183	TS	Reentry Test
9.10.1964	Scout X-3C	S130R	RFD-2	WI	LA3A	132	TS	Reentry Test
10.2.1966	Scout X-4A	S141C	Reentry 4B	WI	LA3A	175	TS	Reentry Test
19.10.1967	Scout B	S159C	RAM C-1	WI	LA3A	217	TS	Reentry Test
27.4.1968	Scout X-5C	S164C	Reentry F	WI	LA3A	175	TS	Reentry Test
22.8.1968	Scout B	S168C	RAM C-2	WI	LA3A	227	TS	Reentry Test
20.9.1970	Scout B	S171C	RAM C-3	WI	LA3A	269	TS	Reentry Test
20.6.1971	Scout B	S144CR	PAET	WI	LA3A	377	TS	Reentry Test
20.9.1971	Scout B	S166C	BIC	WI	LA3A	31479	RS	Bariumwolke

- WI: Wallops Island
- CC: Cape Canaveral
- VS: Vandenberg Spaceport
- PALC Puerto Arguello Launch Complex
- SMLC: San Marco Launch Complex
- RS: Reentry Test, erfolgreich
- RF: Reentry Test, fehlgeschlagen
- TS: Teststart, erfolgreich

Scout X

Die Scout X war als Entwicklungsmuster gedacht. Sie absolvierte jedoch auch zahlreiche operative Starts. Sie transportierte als Höhenforschungsrakete Experimente zur Sondierung der Hochatmosphäre. Die ersten acht Flüge gelten als Entwicklungsflüge. Wie viele Erprobungsflüge es insgesamt sind, ist unklar. Manche Autoren zählen nur diese acht zu den Entwicklungsflügen, andere nennen bis zu 21. Die ersten zehn Starts tragen die Designation „ST" für **S**cout **T**est. Sie waren offiziell Entwicklungsflüge. Der erste Test vom 18.4.1960 taucht in den Statistiken nicht auf, da er nur Dummys der Oberstufen trug. Danach sollten von April 1962 bis November 1963 vierzehn Prototypmissionen folgen, die in die Serienfertigung überleiten sollten.

Doch von diesen waren nur 50 Prozent anstatt der geplanten 90 Prozent erfolgreich. Die NASA lernte, dass die Zusammenarbeit der verschiedenen Hersteller und der NASA intensiviert werden musste. Es musste mehr Kontrollen und definierte Verfahrensweisen geben, um ein „zertifiziertes" Gerät auszuliefern. Daher wurde eine weitere Phase eingeschoben, in der „Rezertifiziert" wurde. In dieser Phase, die bis zum 10.4.1965 dauerte, wechselte die Version von der Scout X zur Scout B. Beim letzten Modell, Scout X4, wurde eine Erfolgsrate von 93 Prozent erreicht. Danach begann die Serienfertigung der Scout B. Ein Teil dieser Starts wird daher als Entwicklungsstarts angesehen. Der Final Report des Scout Launch Vehicle Programms weist neun Entwicklungsstarts und je 14 Prototyp und 14 Zertifikationsstarts aus. Danach folgten noch 55 Starts der weiterentwickelten Versionen. Die ersten Scouts haben die laufende Nummerierung „ST-" (1 – 9). Danach begann die Nummerierung neu, mit der ersten Nummer 111.

Den Status der Scout X als „Entwicklungsmuster" nutzte die Air Force, die 1962/1963 fünf Wettersatelliten startete. Diesem „Program 417" wurde erst 1998 sein Status als „Secret" entzogen. Es waren Vorläufer des DMSP Programms. Sie sollten die Wolkenbedeckung über den Zielgebieten der Corona-Satelliten bestimmen, damit diese keinen Film verschwendeten. Nur zwei der Starts waren erfolgreich. Als problematisch entpuppte sich dabei die Altair. Daher ließ die Air Force die MG-18 Oberstufe als Alternative entwickeln. Sie wurde dann bei den operationellen Exemplaren des DMSP-Programms auf der Thor eingesetzt. Eine andere Begründung für die Fehlschläge war, dass die USAF (anders als die NASA) die einzelnen Stufen direkt bei den Herstellern bestellte und die Rakete selbst zusammenbaute.

Innerhalb der Scout X gab es vier Ausführungen, bei denen die Stufen schrittweise verbessert wurden. Geplant war bis zur Serienversion ein Upgrade aller vier Stufen. Die Nutzlast stieg von 68 auf 103 kg und die Startmasse von 16.240 auf 17.500 kg. Am längsten, nämlich von 1963 bis 1968, war die Scout X-4 im Einsatz. Dabei gab es innerhalb der Scout X Reihe zahlreiche interne Änderungen: So wurde die Nutzlasthülle durch ein neues Modell ersetzt. Ein Kaltgastrennungssystem und ein überarbeiteter Stufenadapter zur Altair sollten Probleme bei der Stufentrennung vermeiden. Zuletzt wurde ein verbessertes Sekundärinjektionssystem eingeführt, welches die Bahnabweichung für den 555 km hohen Referenzorbit von 150 auf 100 km reduzierte. Es gab weitere kleine Änderungen im elektrischen System, darunter stärkere Batterien, Zünder und Backupsysteme für die Trägheitsplattform.

Die erste Version Scout X1 war ausgelegt, Satelliten von 68 kg Gewicht in einen 555 km hohen Erdorbit zu bringen. Beim Start auf eine suborbitale Bahn lag die Nutzlast bei 133 kg. Die Starts in Umlaufbahnen mit niedriger Bahnneigung fanden von Wallops Island statt, die Starts in polare Bahnen von Vandenberg aus. War die Nutzlast kleiner als die nominelle Nutzlast, wurde Ballast zugeladen. Ein „Off-Loading“, also das Weglassen von Treibstoff, war nicht vorgesehen.

Anfangs wies die Scout eine hohe Fehlerrate auf. Doch bei der Scout X-4 gab es bei 16 Einsätzen nur noch einen Fehlstart. Nach den ersten Fehlschlägen wurden die Gehäuse der letzten 27 Flugexemplare vor dem Start mit Röntgenstrahlen auf Risse überprüft. Die Verbesserung des Qualitätsmanagements führte zu einem drastischen Rückgang der gescheiterten Starts. Bis 1964 hatten NASA und DoD 85,2 Millionen Dollar für die Scout ausgegeben. Dies schloss acht Entwicklungsflüge und 18 Träger in der Produktion mit ein. Die Produktionskosten betrugen 885.000 Dollar pro Träger. Der Unterhalt der Startanlagen auf Wallops Island wies zusätzlich Fixkosten von 1 Million Dollar pro Jahr auf.

Sofern möglich, wurde bei den technischen Daten der Stufen neben der Trockenmasse (mit Lageregelungstreibstoff) auch die Brennschlussmasse angegeben. Diese ist durch die Abtragung von Ablativmaterial und dem Verbrauch von Lageregelungstreibstoff deutlich niedriger als die Masse ohne festen Treibstoff. Bedingt durch die kurzen Brennzeiten, traten am Ende des Betriebs der Altair sehr hohe Beschleunigungen von bis zu 25 g auf.

Das Flugprogramm der Scout verlief programmgesteuert. Ein Timer löste die Ereignisse zu festen Zeitpunkten aus. Da Feststofftriebwerke keinen Brennschluss haben, wird bei den Starttabellen der Zeitpunkt des Verlöschens angegeben. Oft wird auch die „Action Time“ genante Zeit, bei der ein bestimmter Mindestschub gehalten wird, angegeben. Diese ist immer geringer als die Gesamtbrenndauer. Beim Algol IIA beträgt die Action Time 46,7 s, die Gesamtbrennzeit 70 s.

Startablauf Scout X-4	
Zündung Algol IIA	0,00 s
Neigeprogramm 1 (-3,57155 Grad/s)	3,00 s
Neigeprogramm 1 (-0,72755 Grad/s)	8,00 s
Neigeprogramm 1 (0,53577 Grad/s)	26,00 s
Neigeprogramm 1 (-0,32500 Grad/s)	40,00 s
Neigeprogramm 1 (-0,36053 Grad/s)	64,00 s
Verlöschen Algol IIA	68,20 s
Zündung Castor I	85,01 s
Neigeprogramm 1 (-0,18056 Grad/s)	102,00 s
Verlöschen Castor I	127,50 s
Abtrennung Nutzlastverkleidung	130,80 s
Zündung Antares II	132,50 s
Neigeprogramm 1 (-0,11956 Grad/s)	138,00 s
Verlöschen Antares II	165,90 s
Neigeprogramm 8 (-1,0 Grad/s)	187,00 s
Neigeprogramm 9 (0,0 Grad/s)	224,82 s
Start Spinmotor	574,33 s
Stufentrennung 3 → 4	576,83 s
Zündung Altair II	580,33 s
Verlöschen Altair II	606,33 s

Abbildung 55: Start einer Scout X-2

Abbildung 56: Start einer Scout X4

Referenzen:

NASA-TN-D-2756: Flight Performance data from the Scout x-258 rocket motor
NASA-CR-50635: Algol Solid Rocket Motor Program
NASA: CR-165950 Launch Vehicle Development Plan Final Dokument

Datenblatt Scout X-1				
Einsatzzeitraum: Starts: Zuverlässigkeit: Abmessungen: Startgewicht: Max. Nutzlast: Nutzlastverkleidung: Startkosten:	4.12.1960 – 1.3.1962 9, davon 4 Fehlstarts (mit suborbitalen Starts) 4 orbitale Starts, davon 2 Fehlstarts 55,5 Prozent / 50 Prozent erfolgreich 25,00 m Höhe 1,01 m Durchmesser 16.240 kg 59 kg in einen 556 km hohen 38° LEO-Orbit, 45 kg in einen 556 km hohen PEO-Orbit 52 kg Gewicht, 52 cm Durchmesser 1,5 Millionen Dollar, nur Trägerrakete: 889.000 Dollar			
	Algol IC	**Castor I**	**Antares I**	**Altair IA**
Länge:	9,12 m	5,90 m	3,40 m	2,50 m
Durchmesser:	1,01 m	0,79 m	0,79 m	0,79 m
Startgewicht:	10.720 kg	4.399 kg	1.238 kg	331 kg
Trockengewicht:	2.057 kg	974 kg	95 kg	32 kg
Schub Meereshöhe:	427 kN	233 kN	54 kN	12,4 kN
Schub Vakuum:	471 kN	.286 kN	62,2 kN	13,7kN
Triebwerke:	1 × Algol 1	1 × M33-20-4	1 × X-254	1 × X-248
Spezifischer Impuls (Meereshöhe):	2.099 m/s	2.275 m/s	2.285 m/s	2.275 m/s
Spezifischer Impuls (Vakuum):	2.315 m/s	2.427 m/s	2.511 m/s	2.501 m/s
Brenndauer:	44,2 s	46 s	38,1 s	41 s
Treibstoff:	PBAN / Aluminium / Ammoniumperchlorat	PBAN / Aluminium / Ammoniumperchlorat	PBAN / Aluminium / Ammoniumperchlorat	PBAN / Aluminium / Ammoniumperchlorat
Gesamtimpuls	18.140.000 Ns	8.890.000 Ns	2.374.000 Ns	516.200 Ns
Expansionsverhältnis:	4,64	15,80	27,10	25,80

Datenblatt Scout X-2				
Einsatzzeitraum: Starts: Zuverlässigkeit: Abmessungen: Startgewicht: Max. Nutzlast: Nutzlastverkleidung: Startkosten:	26.4.1962 – 27.9.1963 6, davon 4 Fehlstarts, ein suborbitaler Start 5 orbitale Starts, davon 4 Fehlstarts 33,3 Prozent / 20 Prozent erfolgreich 25,00 m Höhe 1,01 m Durchmesser 16.440 kg 76 kg in einen 556 km hohen 38° LEO-Orbit 59 kg in einen 556 km hohen PEO-Orbit 2,92 m Länge, 86 cm Durchmesser, 134 kg Gewicht 1 Million Dollar			
	Algol ID	**Castor I**	**Antares II**	**Altair IA**
Länge:	9,40 m	5,90 m	2,90 m	2,50 m
Durchmesser:	1,02 m	0,79 m	0,79 m	0,79 m
Startgewicht:	10.700 kg / 10.283 kg*	4.825 kg / 4.399 kg*	1.400 kg / 1.261 kg*	234 kg / 229 kg*
Trockengewicht:	2.000 kg / 1.666 kg*	974 kg / 704 kg*	300 kg / 102 kg*	27,4 kg / 26 kg*
Schub Meereshöhe:	440 kN	233 kN	73,5 kN	12,4 kN
Schub Vakuum:	484 kN	.286 kN	93,1 kN	13,7 kN
Triebwerke:	1 × Algol 1D	1 × M33-20-4	1 × X-259	1 × X-248
Spezifischer Impuls (Meereshöhe):	2099 m/s	2.275 m/s	2.285 m/s	2.275 m/s
Spezifischer Impuls (Vakuum):	2.367 m/s	2.680 m/s	2.759 m/s	2.501 m/s
Brenndauer:	41,29 s	46 s	34,90 s	41,4 s
Treibstoff:	PBAN / Aluminium / Ammoniumperchlorat	PBAN / Aluminium / Ammoniumperchlorat	PBAN / Aluminium / Ammoniumperchlorat	PBAN / Aluminium / Ammoniumperchlorat
Gesamtimpuls	18.140.000 Ns	8.890.000 Ns	3.200.000 Ns	516.200 Ns
Expansionsverhältnis:	4,64	15,80	17,50	25,80

* Stufe mit Steuerung und Lenkung / nur Feststoffantrieb

Datenblatt Scout X-3				
Einsatzzeitraum: Starts: Zuverlässigkeit: Abmessungen: Startgewicht: Max. Nutzlast: Nutzlastverkleidung: Startkosten:	31.8.1962 – 9.10.1964 10, davon 3 Fehlstarts 6 orbitale Starts, davon 1 Fehlstart 70 / 86,6 Prozent erfolgreich 24,00 m Höhe 1,02 m Durchmesser 17.350 kg 87 kg in einen 556 km hohen 38° LEO-Orbit, 68 kg in einen 556 km hohen PEO-Orbit 2,92 m Länge, 82 cm Durchmesser, 134 kg Gewicht 1,2 Millionen Dollar			
	Algol IIA	**Castor I**	**Antares II**	**Altair I**
Länge:	9,09 m	5,90 m	2,90 m	1,50 m
Durchmesser:	1,01 m	0,79 m	0,79 m	0,79 m
Startgewicht:	10.709 kg	4.023 kg	1.268 kg	260 kg
Trockengewicht:	998 kg	598 kg	300 kg / 81 kg*	28 kg
Schub Meereshöhe:	382,5 kN	233 kN	73,5 kN	12,4 kN
Schub Vakuum:	426,5 kN	284 kN	93,1 kN	13,7 kN
Triebwerke:	1 × Algol IIA	1 × XM33-E5	1 × X-259	1 × X-258
Spezifischer Impuls (Meereshöhe):	2.275 m/s	2.275 m/s	2.285 m/s	2.275 m/s
Spezifischer Impuls (Vakuum):	2.532 m/s	2.680 m/s	2.761 m/s	2.765 m/s
Brenndauer:	70 s	42,5 s	36,3 s	26 s
Treibstoff:	PBAN / Aluminium / Ammoniumperchlorat	PBAN / Aluminium / Ammoniumperchlorat	PBAN / Aluminium / Ammoniumperchlorat	PBAN / Aluminium / Ammoniumperchlorat
Expansionsverhältnis:	7,32	15,8	17,93	25,0
Gesamtimpuls:	24.336.417 Ns	8.908.820 Ns	3.200.930 Ns	655.543 Ns

* mit Steuerung / nur Motorgehäuse

Abbildung 57: Scout X-3 vor dem Start

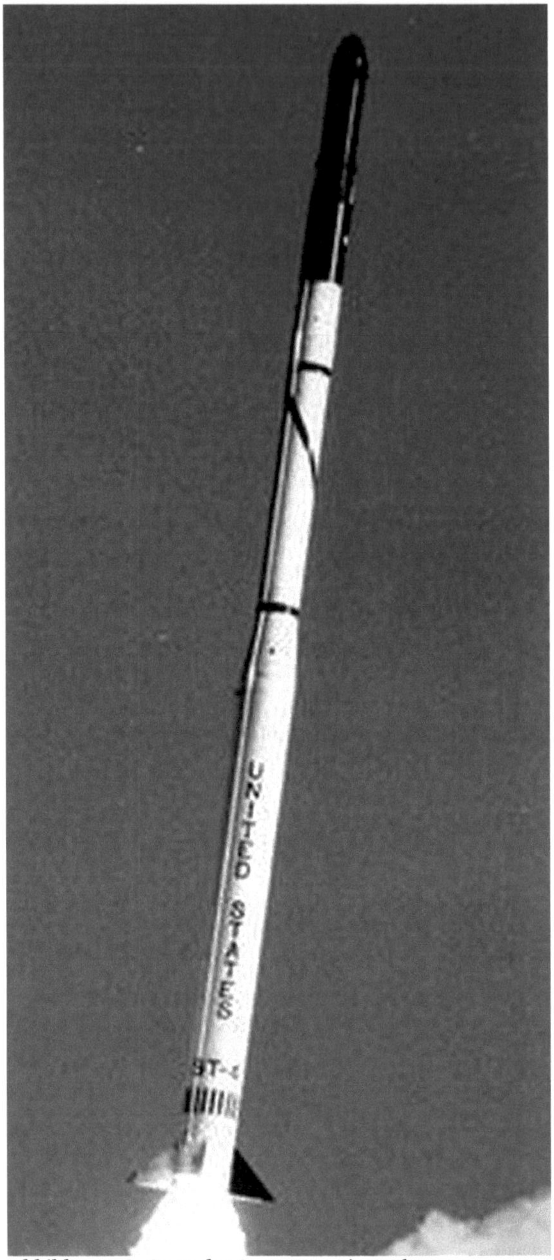

Abbildung 58: Start der Scout X-1 mit Explorer 13

Datenblatt Scout X-4

Einsatzzeitraum:	8.6.1963 – 27.4.1968
Starts:	16, davon ein Fehlstart 13 orbitale Starts, davon ein Fehlstart
Zuverlässigkeit:	93,8 Prozent / 92,3 Prozent erfolgreich
Abmessungen:	21,94 m Höhe, 1,01 m Durchmesser
Startgewicht:	17.250 kg
Max. Nutzlast:	103 kg in einen 556 km hohen 38° LEO-Orbit 80 kg in einen 556 km hohen PEO-Orbit
Nutzlastverkleidung:	2,92 m Länge, 82 cm Durchmesser, 134 kg Gewicht
Startkosten:	1,42 Millionen Dollar

	Algol IIB	**Castor I**	**Antares II**	**Altair II**
Länge:	9,09 m	6.20 m	2,89 m	1,48 m
Durchmesser:	1,01 m	0,79 m	0,76 m	0,46 m
Startgewicht:	10.697 kg	4.022 kg	1.278 kg	260 kg
Trocken-/Brennschlussgewicht:	1.132 / 1.003 kg	698 / 660 kg	108 / 97 kg	32 / 29 kg
Mittlerer Schub:	355,2 kN	209,5 kN	95,7 kN	22,2 kN
Maximaler Schub:	513 kN	284 kN		24,3 kN
Triebwerke:	1 × Algol IIA	1 × M33-20-4	1 × X-259	1 × X-258
Spezifischer Impuls (Meereshöhe):	2.275 m/s	2.275 m/s	2.285 m/s	2.374 m/s
Spezifischer Impuls (Vakuum):	2.533 m/s	2.679 m/s	2.733 m/s	2.764 m/s
Brenndauer:	68,2 s	42,5 s	33,4 s	26,0 s
Treibstoff:	PBAN / Aluminium / Ammoniumperchlo-rat	PBAN / Aluminium / Ammoniumperchlo-rat	PBAN / Aluminium / Ammoniumperchlo-rat	PBAN / Aluminium / Ammoniumperchlo-rat
Gesamtimpuls:	24.228.113 Ns	8.903.425 Ns	3.198.761 Ns	635.750 Ns
:Expansionsverhältnis	7,32	15,62	17.93 s	25.80

Blue Scout

Auch das Verteidigungsministerium suchte nach einem Träger für kleine Satelliten, sowie für Wiedereintrittsversuche. Es galt damals, das richtige Material für den Schutzschild der Atomsprengköpfe zu finden. Dafür genügte es, eine Attrappe im Miniaturformat zu starten, um das Material beim Wiedereintritt in die Atmosphäre zu testen. Die Rakete musste nur fähig sein, die Geschwindigkeit einer Interkontinentalrakete zu erreichen. Erste Tests wurden mit Atlas und Thor durchgeführt, doch die Scout offerierte eine preiswertere Lösung. Ab 1959 beteiligte sich die Air Force an der Scout Entwicklung. Die militärisch genutzte Version erhielt die Bezeichnung „Blue Scout", nach der Farbe der Air Force: Blau. Es war die einzige derartige Umbenennung. Es gab weitere Bestrebungen, zivile Programme militärisch zu nutzen. Doch bei keinem anderen Programm gelang es. So hatte die USAF auch Pläne für ein „Blue Gemini" und ein „Blue Shuttle" Programm.

Das Verteidigungsministerium setzte 1961 und 1962 bei sechs Starts eine modifizierte Version der Scout für die Sondierung der Hochatmosphäre und für Wiedereintrittstests ein. Gegenüber der Scout X-1 kam der verbesserte Castor 2 Booster zum Einsatz. Ansonsten war die Blue Scout weitgehend identisch zur Scout X-1. Bei der Blue Scout 1 wurde auf die vierte Stufe verzichtet. Doch bei der folgenden Blue Scout 2 wurde die vierte Stufe Altair wieder eingesetzt. Der Hitzeschutzschild/Verkleidung an der Spitze hatte anders als bei der Scout-X denselben Durchmesser wie die Nutzlast. Die meisten Blue Scouts wurden suborbital eingesetzt.

Eine kleinere Forschungsrakete war die Blue Scout Junior. Die erste Stufe wurde bei der „Junior" weggelassen. Sie übernahm von der Scout nur die Castor und Antares Stufen. Als dritte und vierte Stufe wurden die Alcor und Cestus Stufe eingesetzt. Die Blue Scout Junior war dreimal leichter als eine Scout X. Sie wurde über ein Jahrzehnt als Höhenforschungsrakete für die Erforschung der Strahlung und der Magnetosphäre eingesetzt. Eine Mission erreichte eine Rekordhöhe von 104.000 km.

Die Blue Scout Junior hatte, anders als die beiden anderen Versionen der Blue Scout, keine aktive Steuerung. Sie wurde durch Finnen an der ersten und zweiten

Stufe und eine Spinstabilisierung bei der dritten und vierten Stufe stabilisiert. Die Blue Scout war die einzige Version, die von Cape Canaveral aus gestartet wurde. Ein Start der Blue Scout 2 und neun Einsätze der Blue Scout Junior waren orbitale Einsätze. Ein weiterer Einsatz einer Blue Scout 2 unter der Bezeichnung „Mercury Scout" sollte das Mercury-Netzwerk der Bodenstationen erproben. Dazu sollte ein Funksender auf eine typische Mercury Bahn geschickt werden. Dieser Start scheiterte am 1.11.1961 nach 28 Sekunden. Da die unbemannten MA-4 und MA-5 Flüge mit ihren Funksendern ebenfalls das Bodennetzwerk testen konnten, wurde auf einen weiteren Test verzichtet.

Später wurden Blue Scout eingesetzt, um Testexemplare des UHF **E**mergency **R**ocket **C**ommunication **S**ystems (ERCS) zu starten. Im Falle eines Konfliktes musste mit der Zerstörung der eigenen Satelliten und Kommunikationseinrichtungen gerechnet werden. Die Blue Scout hätte dann einen 35 kg schweren Sender/ Empfänger auf eine suborbitale Bahn mit einem hohen Apogäum geschickt. Während der Flugzeit war eine Kommunikation möglich. Operationelle Exemplare sollten später mit Minuteman Raketen gestartet werden.

Abbildung 59: Blue Scout vor dem Start

Datenblatt Blue Scout I			
Einsatzzeitraum: Starts: Zuverlässigkeit: Abmessungen: Startgewicht: Max. Nutzlast:	7.1.1961 – 12.4.1962 3, davon 2 Fehlstarts 33,3 Prozent erfolgreich 22,00 m Höhe 1,01 m Durchmesser 16.238 kg 88 kg in 1.386 km Höhe (suborbital)		
	Algol 1C	**Castor 2**	**Antares 1A**
Länge:	9,12 m	6,04 m	3,40 m
Durchmesser:	1,01 m	0,79 m	0,79 m
Startgewicht:	10.720 kg	4.452 kg	1.262 kg
Trockengewicht:	2.057 kg	695 kg	300 kg
Schub Meereshöhe:	427 kN	229,3 kN	54 kN
Schub Vakuum:	471 kN	.259,3 kN	60 kN
Triebwerke:	1 × Algol 1	1 × TX-354 – 2	1 × X-254
Spezifischer Impuls (Meereshöhe):	2.099 m/s	2.275 m/s	2.285 m/s
Spezifischer Impuls (Vakuum):	2.315 m/s	2.570 m/s	2.511 m/s
Brenndauer:	44,2 s	37 s	40 s
Treibstoff:	PBAN / Aluminium / Ammoniumperchlorat	PBAN / Aluminium / Ammoniumperchlorat	PBAN / Aluminium / Ammoniumperchlorat

Datenblatt Blue Scout II				
Einsatzzeitraum: Starts: Zuverlässigkeit: Abmessungen: Startgewicht: Max. Nutzlast:	3.3.1961 – 1.11.1961 3, davon ein Fehlstart 66,6 Prozent erfolgreich 24,00 m Höhe 1,01 m Durchmesser 16.874 kg 88 kg in 1.386 km Höhe (suborbital) 67,5 kg in eine Umlaufbahn			
	Algol 1C	**Castor II**	**Antares 1A**	**Altair 1A**
Länge:	9,12 m	6,04 m	3,40 m	2,50 m
Durchmesser:	1,01 m	0,79 m	0,79 m	0,79 m
Startgewicht:	10.720 kg	4.452 kg	1.262 kg	390 kg
Trockengewicht:	2.057 kg	695 kg	300 kg	81 kg
Schub Meereshöhe:	427 kN	229,3 kN	54 kN	12,4 kN
Schub Vakuum:	471 kN	.259,3 kN	60 kN	13,7 kN
Triebwerke:	1 × Algol 1	1 × TX-354 – 2	1 × X-254	1 × X-248
Spezifischer Impuls (Meereshöhe):	2.099 m/s	2.275 m/s	2.285 m/s	2.275 m/s
Spezifischer Impuls (Vakuum):	2.315 m/s	2.570 m/s	2.511 m/s	2.501 m/s
Brenndauer:	44,2 s	37 s	40 s	40 s
Treibstoff:	PBAN / Aluminium / Ammoniumperchlorat	PBAN / Aluminium / Ammoniumperchlorat	PBAN / Aluminium / Ammoniumperchlorat	PBAN / Aluminium / Ammoniumperchlorat

Abbildung 60: Blue Scout 2 vor dem Start

Datenblatt Blue Scout Junior				
Einsatzzeitraum: Starts: Zuverlässigkeit: Abmessungen: Startgewicht: Max. Nutzlast:	1960 – 1965 12, davon 4 Fehlstarts 66,6 Prozent erfolgreich 12,40 m Höhe 0,79 m Durchmesser 5.800 kg 10 kg in 26.775 km Höhe (suborbital)			
	Castor II	**Antares 1A**	**Alcor**	**Cestus**
Länge	6,04 m	3,40 m	1,30 m	0,51 m
Durchmesser:	0,79 m	0,79 m	0,46 m	0,43 m
Startgewicht:	4.452 kg	1.262 kg	520 kg	50 kg
Trockengewicht:	695 kg	300 kg	50 kg	10 kg
Schub Meereshöhe:	229,3 kN	54 kN	–	–
Schub Vakuum:	.259,3 kN	60 kN	35,2 kN	4 kN
Triebwerke:	1 × TX-354-2	1 × X-254	1 × Alcor	1 × X-248
Spezifischer Impuls (Meereshöhe):	2.275 m/s	2.285 m/s	–	–
Spezifischer Impuls (Vakuum):	2.570 m/s	2.511 m/s	2.255 m/s	2.255 m/s
Brenndauer:	37 s	40 s	30 s	20 s
Treibstoff:	PBAN / Aluminium / Ammoniumperchlorat	PBAN / Aluminium / Ammoniumperchlorat	PBAN / Aluminium / Ammoniumperchlorat	PBAN / Aluminium / Ammoniumperchlorat

Abbildung 61: dreistufige Blue Scout Junior

Abbildung 62: Blue Scout 1 mit zwei Stufen rein aerodynamisch stabilisiert.

Scout A

Die erste Serienversion der Scout verfügte in allen vier Stufen über die verbesserten „2“ er Varianten der Stufen: Algol 2, Castor 2, Antares 2 und Altair 2. Dies steigerte die Nutzlast auf 122 kg. Das war fast die doppelte Nutzlast der Scout X-1. Dies gelang, bei nur geringer Steigerung der Startmasse, durch bessere Treibstoffe mit höheren spezifischen Impulsen. Am stärksten wirkte sich der Übergang von der Altair 1 auf die Altair 2 aus. Die Leermasse dieser Stufe sank von 81 auf 37 kg, also auf weniger als die Hälfte. Zwar sank auch das Startgewicht um ein Drittel, doch verbesserte sich das Massenverhältnis der Altair 2 deutlich.

Castor II Booster kamen auch von 1965 bis 1981 als Starthilfe bei verschiedenen Modellen der Thor (LTAT Agena D) und der Delta (ab der Delta D) bei insgesamt 140 Starts zum Einsatz. Das letzte Modell der Delta mit Castor II Boostern war die Delta 2000-er Serie. Anfangs waren es drei, später bis zu neun Booster pro Träger.

Die A-Version der Scout wurde über ein Jahrzehnt lang hauptsächlich für die Starts der Transit Satelliten in 1.000 km hohe Kreisbahnen eingesetzt. Sie ersetzte für die Transit Satelliten die Thor Ablestar. Der Träger wurde anders als die B-Version vor allem von der Air Force genutzt. Diese Unterscheidung im Namen von ansonsten fast identischen Raketen findet man auch beim Thor/Delta Programm. Die einzige Ausnahme bildete der Start des britischen Forschungssatelliten Ariel 3 am 5.5.1967. Alle Starts der Scout A fanden von Vandenberg aus statt. Die meisten anderen Scout starteten von Wallops Island aus.

Hauptnutzlast der Scout A waren die Transit-Satelliten. Die Transit-Navigationssatelliten waren das erste einsatzbereite Navigationssystem. Sie wurden von 1964 an militärisch genutzt, seit 1967 auch zivil. Erst 1996 wurde es abgeschaltet, als mit dem GPS-Netz ein leistungsfähiger Nachfolger verfügbar war. Jeder Transit Satellit wog nur 54 bis 60 kg. Deshalb konnte die Scout oft noch Sekundärnutzlasten in den Orbit befördern.

Der finanzielle Vorteil der Scout bei kleinen Nutzlasten war offensichtlich. Die ersten Transit wurden noch mit den größeren und teureren Thor-Ablestar Trägern

Abbildung 63: Scout A bei der Fertigung

gestartet. Die Scout A bot eine preiswerte Alternative. Der letzte Start fand in der Variante Scout A-1 statt.

Drei Nutzlastverkleidungen von 0,635, 0,81 und 1,07 m Maximaldurchmesser und einem nutzbaren Volumen von 0,19, 0,50 und 1,10 m³ standen zur Verfügung. Die Herstellungskosten einer Scout A betrugen 1966 etwa 680.000 Dollar, die Startkosten rund 1 Million Dollar.

Manchmal wird die Scout in der A-Version auch als **S**tandard **L**aunch **V**ehicle 1 (SLV-1) bezeichnet. Diese Schreibweise ist jedoch nicht so verbreitet wie bei der Thor und Atlas.

Ereignisse beim Start (Nutzlast 46 kg)					
Ereignis	**Zeit**	**Geschwindigkeit**	**Höhe**	**Entfernung**	**Winkel zur Erde**
Abheben:	0,0 s	0 m/s	0 km	0 km	90°
Verlöschen Algol:	41,3 s	1.399 m/s	16,70 km	11,89 km	48,90°
Zündung Castor:	75,3 s	1.198 m/s	39,63 km	36,30 km	35,30°
Verlöschen Castor:	115,0 s	3.161 m/s	76,12 km	104,45 km	25,10°
Zündung Antares:	120,0 s	3.143 m/s	82,04 km	117,05 km	25,50°
Verlöschen Antares:	159,4 s	5.379 m/s	137,23 km	252,61 km	20,40°
Zündung Altair:	479,2 s	4.869 m/s	426,70 km	1.642,26 km	1,00°
Abtrennung Nutzlast:	520,2 s	8.239 m/s	426,70 km	1.864,28 km	0,00°

Datenblatt Scout A				
Einsatzzeitraum: Starts: Zuverlässigkeit: Abmessungen: Startgewicht: Max. Nutzlast: Nutzlastverkleidung: Startkosten:	1965 – 1972 12, davon kein Fehlstart 100 Prozent erfolgreich 21,72 m Höhe, 1,01 m Durchmesser, 2,90 m maximaler Durchmesser 18.029 kg 122 kg in einen 556 km hohen 38° LEO-Orbit, 94 kg in einen 556 km hohen PEO-Orbit, 35 kg auf Fluchtgeschwindigkeit 2,92 m Länge, 86 cm Durchmesser, 134 kg Gewicht 1 Million Dollar (1966) 1,67 Millionen Dollar (1972)			
	Algol IIB	**Castor II**	**Antares II**	**Altair IIA**
Länge:	9,09 m	6,04 m	2,90 m	2,50 m
Durchmesser:	1,01 m	0,79 m	0,79 m	0,60 m
Startgewicht:	11.264 kg	4.699 kg / 4.427 kg*	1.516 kg / 1.282 kg*	278 kg / 261 kg*
Trockengewicht:	1.553 kg	931 kg / 703 kg*	340 kg / 108 kg*	46 kg/ 33 kg*
Schub Meereshöhe:	484 kN	229,3 kN	73,5 kN	22,2 kN
Schub Vakuum:	513 kN	.286 kN	93,1 kN	27,4 kN
Triebwerke:	1 × Algol 2	1 × TX-354-2	1 × X-259	1 × X-258
Spezifischer Impuls (Meereshöhe):	2.275 m/s	2.275 m/s	2.285 m/s	2.374 m/s
Spezifischer Impuls (Vakuum):	2.501 m/s	2.570 m/s	2.760 m/s	2.609 m/s
Brenndauer:	47 s	39 s	39,4 s	24 s
Treibstoff:	PBAN / Aluminium / Ammoniumperchlorat	PBAN / Aluminium / Ammoniumperchlorat	PBAN / Aluminium / Ammoniumperchlorat	PBAN / Aluminium / Ammoniumperchlorat

Scout B

Die zivile Version Scout B wurde vor der A-Version eingesetzt. Wie bei anderen Trägern der USA gibt es auch bei der Scout Ungereimtheiten in der Nummerierung. So gab es keine Scout C. Diese Bezeichnung war für eine Scout B mit einer (fünften) Alcyone 1 Oberstufe vorgesehen. Die einzige Änderung zur A-Version war die leistungsfähigere vierte Stufe Altair 3. Die Nutzlast stieg um rund 20 kg auf 143 kg. Die B-Version wurde für zahlreiche Explorer-Satelliten und die ersten ESRO-Raumflugkörper (**E**uropean **S**pace **R**esearch **O**rganisation) eingesetzt. Dagegen beförderte die Scout A nur Transit Satelliten auf hohe Polarbahnen. Die B-Version war mit 28 Starts die am häufigsten eingesetzte Subversion.

Der neue Algol 2B Antrieb hatte dieselbe Masse wie der Algol 2 Motor. Allerdings wurde das Abbrandverhalten zugunsten eines längeren Betriebs verändert. Der Antrieb setzte als Binder nun Polyurethan ein. Der Schub stieg nach 53 s progressiv von 445 auf 520 kN. Die Brenndauer betrug 80 s. Von den 1.650 kg Leermasse des Algol 2B Antriebs entfielen 1.190 kg auf das Triebwerksgehäuse. Weitere 420 kg wogen das Lageregelungssystem (Schubvektorsteuerung durch Sekundärinjektion) und die Steuerung.

Beim Castor II Antrieb entfielen von den 1.049 kg Leermasse nur 690 kg auf das Gehäuse. Dagegen wogen die Lageregelung, die Treibstoffe für die Sekundärinjektion und die Elektronik 359 kg. Der Castor II Motor setzte **P**oly**b**utadien-**A**cryl-säure-Acryl**n**itril (PBAN) als Binder ein. Das war ein moderner Binder als Polyurethan. PBAN wurde auch in den Titan Boostern und den Shuttle SRB eingesetzt. Der mittlere Schub betrug 269,5 kN.

Bei der dritten Stufe Antares 2 war das Missverhältnis von Triebwerksgewicht und Trockenmasse noch größer. Bei einer Leermasse von 347 kg wog das Triebwerksgehäuse nur 100 kg. Die Lageregelung und Steuerung dagegen wogen 247 kg. Die gesamte Telemetrie, Batterien und der Autopilot waren in dieser Stufe untergebracht. Das Triebwerksgehäuse bestand nicht aus Stahl, wie bei den unteren Stufen, sondern aus leichteren glasfaserverstärktem Kunststoff.

Die Altair 3 nutzte den Antrieb FW-4S, der auch bei der Delta E bis L eingesetzt wurde. Sein Feststoffmotor XSR-57-UT-1 stammte von United Alliant. Von den 30 kg Leermasse der Altair 3 entfielen nur 3,4 kg auf die Ausrüstung und 27 kg auf das CFK-Gehäuse. Es dauerte 21 s, die Altair vor der Zündung durch Drallstabilisierung in eine schnelle Rotation zu versetzen.

Die Scout B war die erste Scout, die von der von Italien errichteten San Marco Startplattform vor der Küste Kenias aus startete. Dies war eine umgebaute Ölbohrplattform. Das Kontrollzentrum war in der 570 m entfernten Santa Rita Plattform untergebracht. Ein 36,70 m langes Gebäude diente für die Montage von Scout und Nutzlast. Die Lage von San Marco, direkt am Äquator, maximierte die Nutzlast. Außerdem überflog der Satellit bei jedem Umlauf eine Empfangsstation in Äquatornähe. Das erlaubte einen häufigeren Funkkontakt. Zahlreiche kleine astronomische Satelliten wurden von der San Marco Plattform aus gestartet. Der erste Start brachte den Satelliten Uhuru (Swahili für „Freiheit") in die Umlaufbahn. Er verzehnfachte die Zahl der bekannten Röntgenquellen und entdeckte das erste schwarze Loch in unserer Galaxis. Als sein Bandrekorder ausfiel, war die äquatornahe Umlaufbahn ein großer Vorteil. Durch zusätzliche Empfangsstationen konn-

Abbildung 64: Eine Scout B mit Ariel 5 vor dem Start auf der San Marco Plattform

ten die meisten Daten in Echtzeit abgerufen werden. Der wissenschaftliche Betrieb wurde durch den Ausfall nur geringfügig beeinträchtigt.

Die Anpassung an die Masse der Nutzlasten und die verschiedenen Orbits geschah durch die Wahl der Aufstiegsbahn und das „Offloading“ von Treibstoff. Die Brennzeiten variieren daher und auch die Missionszeiten sind durch die Freiflugphasen stark schwankend.

Reine Produktionskosten einer Scout B	
Algol:	288.000 Dollar
Castor I / II:	213.000 Dollar / 289.000 Dollar
Antares 2:	276.000 Dollar
Gesamt (mit Start):	1,18 Millionen Dollar

Ereignisse beim Start von OFO (Orbiting Frog Otolith)	
Abheben:	0,0 s
Verlöschen Algol:	76,7 s
Zündung Castor:	81,0 s
Verlöschen Castor:	123,2 s
Zündung Antares:	145,0 s
Verlöschen Antares:	175,0 s
Aufspinnen:	442,0 s
Stufentrennung:	443,7 s
Zündung Altair:	449,0 s
Verlöschen Altair:	482,3 s
Abtrennung OFO:	562,0 s

Referenzen:

Orbiting Frog Otolith /OFO/ – Press kit
Melvin Salvage: Launch Vehicles Handbook

Datenblatt Scout B-1				
Einsatzzeitraum: Starts: Zuverlässigkeit: Abmessungen: Startgewicht: Max. Nutzlast: Nutzlastverkleidung: Startkosten:	10.8.1965 – 22.5.1976 28, davon 2 Fehlstarts 92,8 Prozent erfolgreich 22,40 m Höhe 1,01 m Durchmesser 18.088 kg 143 kg in einen 556 km hohen 38° LEO-Orbit. 116 kg in einen 556 km hohen polaren Orbit 151 kg in einen 556 km hohen äquatorialen Orbit 45 kg auf eine ballistische Bahn mit einer Gipfelhöhe von 8.000 bis 9.600 km. 2,92 m Länge, 86 cm Durchmesser, 134 kg Gewicht 3,4 Millionen Dollar (reine Produktionskosten: 1,2 Millionen Dollar)			
	Algol IIC	**Castor IIA**	**Antares IIA**	**Altair IIIA**
Länge:	9,39 m	6,30 m	3,48 m	1,47 m
Durchmesser:	1,01 m	0,79 m	0,77 m	0,65 m
Startgewicht:	11.253 kg / 10.816 kg*	4.347 kg / 3.855 kg*	1.394 kg / 1.278 kg*	317 kg / 291 kg*
Trockengewicht:	2.034 kg / 1.554 kg*	927 kg / 695 kg*	232 / 116 kg*	43 / 40 kg*
Schub (Durchschnitt):	293,1 kN		59,8 kN	12,5 kN
Schub Vakuum:	439,3 kN	215,4 kN	83,1 kN	13,3 kN
Triebwerke:	1 × Algol 2C	1 × XM-33-E5	1 × X-254	1 × X-248
Spezifischer Impuls (Meereshöhe):	2.098 m/s	2.275 m/s	2.285 m/s	2.374 m/s
Spezifischer Impuls (Vakuum):	2.560 m/s	2.766 m/s	2.761 m/s	2.776 m/s
Brenndauer:	77,2 s	39,3 s	34,9 s	31,5 s
Treibstoff:	PU / Aluminium / Ammoniumperchlorat	PBAN / Aluminium / Ammoniumperchlorat	CYI-75	PBAN / Aluminium / Ammoniumperchlorat
Brennkammerdruck:	20,3 bar	27,5 bar	20,3 bar	15,0 bar
Expansionsverhältnis:	7,36	15,61	25,15	25,80
Gesamtimpuls:	24.341.000 Ns	10.307.000 Ns	3.200.800 Ns	765.600 Ns

* mit Steuerung und Lenkung / nur Stufe.

Abbildung 65: Start einer Scout B

Scout D bis F

Die nun folgende D-Version wurde zum Standardträger für zahlreiche europäische Nutzlasten. Es gab zur Kostenreduktion Blockbestellungen der NASA. Sie bestellte immer einen Block von Raketen, die dann jeweils ein Minorupgrade erhielten. Variationen dieser Typen (z. B. zusätzliche Stufen für höhere Geschwindigkeiten) führten zu den einzelnen Subversionen. Die Scout D wurden von Juli 1971 bis Februar 1975 gestartet.

Die Algol III Erststufe enthielt 3.084 kg mehr Treibstoff. Der zusätzliche Impuls von 8,06 Millionen Ns steigerte die Nutzlast von 143 auf 185 kg beim Start von Wallops Island aus. Der Durchmesser der Algol stieg von 1,02 auf 1,14 m an. Einschließlich der Finnen betrug er 2,90 m. Erst in 45 km Höhe fand die Zündung der Castor II statt. Die längere Brenndauer bei nahezu gleichem Schub führte zu einer deutlichen Verkürzung der Freiflugphase zwischen Algol und Castor. Die Algol IIIA Stufe arbeitete mit einem Brennkammerdruck von 67 bar. Sie setzte als Treibstoff einen PBAN-Binder mit einem Aluminiumanteil von 17 Prozent ein. Das Gehäuse bestand aus Stahl, die Düse aus einem Verbundwerkstoff aus Silikaten, Kohlenstoff und Epoxidharzen. Die Temperatur in der Brennkammer erreichte 3.366 K.

Der Castor IIA Booster unterschied sich vom Castor II durch eine längere Düse. Außerdem weist er einen höheren Brennkammerdruck von 56 bar auf. Die Brennkammertemperatur beträgt 3.589 K. Der Treibstoff besteht aus 20 Prozent CTPB (**C**arboxy**t**erminiertes **P**oly**b**utadien), 20 Prozent Aluminium und 60 Prozent Ammoniumperchlorat. Das Gehäuse bestand aus Stahl, die Düse aus Verbundwerkstoffen.

Die Antares IIA arbeitete mit der Mischung CYI-75, einem doppelbasischen Treibstoff mit einem Aluminiumanteil von 20,5 Prozent. Der Brennkammerdruck betrug 28,7 bar. Die Brennkammertemperatur erreichte 3.802 K.

Die Antares IIB hatte eine Düse mit einer kleineren Öffnung und damit einen höheren Brennkammerdruck und eine höhere Leistung. Der Antrieb ist der gleiche wie bei der Antares IIA. Die Antares IIB wurde bei der Scout E und F eingesetzt.

Die Altair IIIA erhielt einen neuen Antrieb von Thiokol. Er arbeitete mit einer CTPB-Mischung, die einen Aluminiumanteil von 16 Prozent aufwies. Die Temperatur erreichte 3.220 K. Sein erster Einsatz war im August 1974 auf der Scout 189, die den Astronomical Netherlands Satellite (ANS) startete.

1972 wurde eine neue Nutzlasthülle mit 1,07 anstatt 0,87 m Durchmesser eingeführt. Ihr Volumen von 1,01 m³ verdoppelte den verfügbaren Raum für die Nutzlast. Ein neues Telemetriesystem nutzte das S-Band bei 2,210 und 2,230 GHz. Es sandte mit jeweils 5 Watt Leistung 20 Parameter von den ersten drei und zwölf Parameter von der vierten Stufe zum Boden. Die Versionen Scout D bis F unterschieden sich nur in Details:

	Dritte Stufe	**Fünfte Stufe**
Scout D	Antares 2A	Keine
Scout E	Antares 2B	Alcyone 1A
Scout F	Antares 2B	Keine

Antrieb Star 20 (eingesetzt im Altair III)	
Durchmesser:	50 cm
Länge Motorgehäuse:	149 cm
Durchschnittlicher Schub:	24,4 kN, maximal 29,9 kN
Gesamtimpuls:	772.050 Ns
Brennkammerdruck:	45,1 bar, Berstdruck: 55,6 bar
Brennzeit / Aktionszeit:	27,4 s / 31,5 s
Düsendurchmesser:	42 cm
Expansionsverhältnis:	50,2 zu 1
Startgewicht:	300,3 kg
Davon Treibstoff:	272,9 kg
Davon Motorgehäuse:	11 kg
Davon Düse:	5,67 kg
Trockengewicht:	27,5 kg
Brennschlussmasse:	26,6 kg
Spezifischer Impuls:	Treibstoff: 2.829 m/s / effektiv: 2.810 m/s
Material:	Fiberglas-CFK Werkstoff

Durch den hohen Schub erzeugte die optionale fünfte Stufe Alcyone eine Beschleunigung von über 10 g. Sie konnte jedoch die Nutzlast für hohe Geschwindigkeiten deutlich erhöhen. Die Nutzlast der Scout E und F stieg, verglichen mit der Scout D, nur unwesentlich um 8 kg auf 193 kg. Da die Scout E und F zusammen nur drei Starts durchführten, sind sie zusammen mit der D-Version aufgeführt. Die Nutzlasthülle umgab bei der Scout E auch die fünfte Stufe Alcyone.

Nach dem Ausbrennen der zweiten Stufe wurde während einer 5 s langen Freiflugphase die Nutzlastverkleidung abgeworfen. Die spätere Bahnhöhe orientierte sich an der Freiflugphase nach dem Ausbrennen der dritten Stufe. Sie konnte zwischen 200 und 600 s liegen. Damit waren bis zu 1.100 km hohe zirkulare Bahnen erreichbar. Die Begrenzung ergab sich aus den verfügbaren Vorräten an flüssigem Treibstoff für die während dieser Zeit nötige Stabilisierung. Bedingt durch die festen Brennzeiten der Stufen wies die Scout sehr hohe Abweichungen bei den erreichten Bahnen auf. Sie lagen beim Apogäum durchaus im Bereich von 100 – 200 km und wurden um so größer, je höher die Umlaufbahn war.

Ereignis	Zeitpunkt	Höhe	Geschwindigkeit
Abheben:	0 s	0 km	0 m/s
Ausbrennen erste Stufe:	72 s		
Zündung zweite Stufe:	90 s	43,9 km	1.709 m/s
Ausbrennen zweite Stufe, Abtrennung Nutzlastverkleidung:	130 s		
Zündung dritte Stufe:	135,8 s	90 km	3.720 m/s
Ausbrennen dritte Stufe:	172,8 s		
Zündung vierte Stufe:	601,6 s	554,9 km	5387 m/s

Referenzen:

Scout Nozzle Data Handbook
Scout Users Manual
Scout Launch Vehicle Program Final Report – Phase VI
ATK Productions Catalog 2008

Datenblatt Scout D

Einsatzzeitraum:	13.8.1972 – 27.6.1983
Starts:	16, davon kein Fehlstart
Zuverlässigkeit:	100 Prozent erfolgreich
Abmessungen:	25,00 m Höhe, 1,01 m Durchmesser
Startgewicht:	21.500 kg
Max. Nutzlast:	198 kg in einen 556 km hohen äquatorialen Orbit 184 kg in einen 556 km hohen LEO-Orbit mit 38° Inklination 148 kg in einen 556 km hohen PEO-Orbit
Nutzlasthülle:	3,17 m Höhe, 1,07 m Durchmesser, 159,5 kg Gewicht
Startkosten:	2,7 Millionen Dollar (reine Produktionskosten 1,2 Millionen Dollar)

	Algol IIIA	Castor IIA	Antares IIA	Altair IIIA
Länge:	9,40	6,31 m	3,52 m	1,51 m
Durchmesser:	1,14 m	0,79 m	0,77 m	0,51 m
Startgewicht:	14.715 kg / 14.185 kg*	4.859 kg / 4.429 kg*	1.516 kg / 1.278 kg*	317 kg / 301 kg*
Trockengewicht:	1.932 kg / 1.476 kg*	1.090 kg / 652 kg*	334 / 116 kg*	42 kg / 28 kg*
Schub (Durchschnitt):	323,3 kN	229,3 kN	59,8 kN	23,8 kN
Schub Vakuum:	467,1 kN	284,3 kN	83,1 kN	25,9 kN
Triebwerke:	1 × Algol 2B	1 × TX-354-2	1 × X-254	1 × FW-4FD
Spezifischer Impuls (Meereshöhe):	2.138 m/s	2.275 m/s	2.285 m/s	2.501 m/s
Spezifischer Impuls (Vakuum):	2.546 m/s	2.765 m/s	2.761 m/s	2.827 m/s
Brenndauer:	72,3 s	39 s	44 s	31 s
Treibstoff:	PU / Aluminium / Ammoniumperchlorat	CTPB / Aluminium / Ammoniumperchlorat	CYI-75	CTPB / Aluminium / Ammoniumperchlorat
Gesamtimpuls:	26.200.000 Ns (Meereshöhe) 32.385.209 Ns (Vakuum)	8.596.000 Ns (Meereshöhe) 10.254.867 Ns (Vakuum)	2.375.000 Ns (Meereshöhe) 3.736.200 Ns (Vakuum)	519.740 Ns (Meereshöhe) 772.400 Ns.(Vakuum)
Brennkammerdruck:	20,3 bar	27,5 bar	20,3 bar	15,0 bar
Expansionsverhältnis:	4,64	20,52	25,15	25,80

* mit Steuerung und Lenkung / nur Stufe

Datenblatt Scout E-1 / F					
Einsatzzeitraum: Starts: Zuverlässigkeit: Abmessungen: Startgewicht: Max. Nutzlast: Nutzlastverkleidung; Startkosten:	3.6.1974 – 6.12.1975 1 × Scout E (3.6.1974 mit Hawkeye 1) ,2 × Scout F (7.5.1975 und 6.12.1975, 1 Fehlstart) 66,7 Prozent erfolgreich 22,90 m Höhe 3,00 m Durchmesser (mit Finnen) 21.702 kg 193 kg in einen 556 km hohen LEO-Orbit mit 38° Inklination (Scout F) 156 kg in einen 556 km hohen PEO-Orbit (Scout F) 203 kg in einen 556 km hohen äquatorialen Orbit (Scout F) 63 kg / 75 kg in einen GTO-Orbit (Scout F/E) 50 kg Fluchtgeschwindigkeit (Scout E) 35 kg GEO-Orbit (Scout E und Kickstufe) 3,17 m Höhe, 1,07 m Durchmesser, 159,5 kg Gewicht 2,7 Millionen Dollar (reine Produktionskosten 1,2 Millionen Dollar)				
	Algol IIIA	**Castor IIA**	**Antares IIB**	**Altair IIIA**	**Alcyone IA**
Länge:	9,07 m	6,20 m	2,89 m	1,51 m	0,82 m
Durchmesser:	1,14 m	0,79 m	0,76 m	0,51 m	0,46 m
Startgewicht:	14.715 kg / 14.185 kg*	4.699 kg /4.429 kg*	1.512 kg / 1.256 kg*	321 kg / 301 kg*	103,1 kg / 98,2 kg*
Trockengewicht:	1.932 kg / 1.476 kg*	931 kg / 652 kg*	342 kg / 95 kg*	47 kg / 28 kg*	15 kg / 10,1 kg*
Schub Meereshöhe:	323,3 kN	229,3 kN	–	23,8 kN	26,23
Schub Vakuum:	481,7 kN	274,7 kN	126,83 kN	25,9 kN	27,41 kN
Triebwerke:	1 × Algol IIIA	1 × TX-354-2	1 × X-259A3	1 × FW-4FD	1 × Hercules BE3
Spezifischer Impuls (Meereshöhe):	2.138 m/s	2.275 m/s	2.285 m/s	2.501 m/s	–
Spezifischer Impuls (Vakuum):	2.546 m/s	2.765 m/s	2.753 m/s	2.827 m/s	2.706 m/s
Brenndauer:	78 s	39 s	37 s	31,7 s	8,42 s
Treibstoff:	PU / Aluminium / Ammoniumperchlorat	CTPB / Aluminium / Ammoniumperchlorat	PBAN / Aluminium / Ammoniumperchlorat	CTPB / Aluminium / Ammoniumperchlorat	?
Gesamtimpuls:	32.000.000 Ns (Vac)	10.300.000 Ns (Vac)	3.220.000 Ns	766.200 Ns	236.013 Ns
Expansionsverhältnis:	6,48	20,95	17,50	52,8	18,6

* mit Steuerung und Lenkung / nur Stufe alleine

Scout G

Die letzte Version der Scout steigerte die Nutzlast auf 210 kg. Sie unterscheidet sich von der F-Version durch die Antares IIIA Drittstufe. Die Antares IIIA bestand aus einem Kevlar/Epoxidharzgehäuse. Es wurde mit einem synthetischen Gummi belegt, der bei Erreichen der Flammenfront verkohlte und das Gehäuse schützte. Sie setzte den bis heute gebräuchlichen Binder HTPB (Hydroxyterminiertes Polybutadien) ein. Der Brennkammerdruck war hoch. Er betrug im Mittel 55,2 bar und konnte in Spitzen auf bis zu 60 bar steigen. Die Temperatur erreichte 3.282 °C. Die Düse machte fast die Hälfte der Länge aus und war an der Mündung genauso breit wie der Motor selbst. Auch die Düse bestand zur Gewichtseinsparung aus gewebten Fasern. Es war überzogen mit Graphit als Ablationsschicht. Mit der langen Düse wurde eine hohe Ausströmgeschwindigkeit der Gase erreicht. Der erste Einsatz der Antares IIIA war der Start von Maqsat am 20.10.1979.

Die Scout flog nun nur noch selten. Fanden zwischen 1970 und 1980 insgesamt 34 Starts statt, so waren es zwischen 1980 und dem letzten Start 1994 nur noch 17 Starts. Insgesamt absolvierte die Scout 148 Flüge in den 34 Jahren ihres Einsatzes. Von den 101 orbitalen Starts gelangen 89, das entspricht einer Erfolgsquote von 88,1 Prozent. Nach 1964 gab es kaum noch Fehlstarts. Die letzten drei Versionen Scout waren seit 1976 sogar komplett ohne Fehlstarts.

Dass die Scout schließlich ausgemustert wurde, hatte mehrere Gründe. Der wichtigste Grund war die Kostensteigerung. 1972 kostete ein Start noch 2 Millionen Dollar. Die letzten Flüge hatten dagegen bereits ein Preisschild von 12 – 15 Millionen Dollar pro Einsatz. Die Ursache lag in der ab Anfang der achtziger Jahre ständig sinkenden Startrate. Es gab immer weniger Nutzlasten, die leicht genug waren. Auch die europäischen Länder, die ihre ersten Schritte in den Weltraum mit kleinen Satelliten gemacht hatten, bauten jetzt größere Satelliten. So startete die Scout G fast nur noch Satelliten der NASA und des DoD. Die letzten zehn Exemplare wurden vom DoD bestellt und von Vandenberg aus gestartet.

Seitens der NASA liefen die kleinen Explorer Satelliten zur Grundlagenforschung aus. Sie wurden durch größere Satelliten ersetzt, die mehr Erkenntnisse liefern sollten. Erst die fortschreitende Miniaturisierung und die Fortschritte in der Mikroelektronik führten Anfang der neunziger Jahre zu einem Umdenken. Doch da war es für die Scout bereits zu spät. Auch Pläne Italiens, eine „Advanced Scout“ mit 520 kg Nutzlast bei circa 40 t Startgewicht zu entwickeln, scheiterten. Sie wäre mit zwei Feststoffboostern der Ariane 4 als zusätzlicher Startstufe und einem Mage Apogäumsmotor statt der Antares-Drittstufe erweitert worden. Aus diesem Konzept sollte später die Vega entstehen.

1990 wurde als Ersatz für die Scout die Pegasus eingeführt. Sie war ebenfalls eine Feststoffrakete. Allerdings war sie billiger als die Scout und transportierte die doppelte Nutzlast. Die größere Nutzlast bei nur wenig höherer Startmasse wurde durch modernere Feststofftriebwerke ermöglicht. Sie hatten leichtere Gehäuse und verfügten über höhere spezifische Impulse. Daneben startete diese Rakete von einem Flugzeug aus. Sie wurde in 12 km Höhe abgeworfen. Dadurch konnten etwa 600 m/s Geschwindigkeitsbedarf gegenüber dem Start vom Boden aus eingespart werden. Die besseren Leistungsdaten der Pegasus erlaubten eine Reduktion von vier auf drei Stufen. Der Start vom Flugzeug aus spart die Kosten für die Startanlage. So kostete ein Start mit der Pegasus anfangs nur die Hälfte des Preises der Scout. Mit sinkender Startrate wurde aber auch die Pegasus sehr teuer.

Die NASA untersuchte Scout-Upgrades. Eine Studie im Jahr 1972 sah vor, die Scout auszubauen. Es sollten zwei Castor Booster an die Scout angeflanscht werden. Die zweite Stufe sollte durch eine Algol III und die Altair durch eine verkürzte Antares ersetzt werden. Das hätte die Nutzlast auf 340 kg angehoben, verglichen mit 163 kg bei der damals eingesetzten Scout B. Die Produktionskosten sollten nur 2,86 Millionen Dollar pro Träger betragen. Ein neues Steuersystem hätte die Einschussgenauigkeit entscheidend erhöht. Der „Advanced Small Launch Vehicle“ genannte Träger hätte 36,4 t gewogen. Die Entwicklungskosten wurden mit 12,5 Millionen Dollar bei maximal 3,2 Millionen Dollar/Jahr angegeben.

Die Pläne wurden nie umgesetzt, da die Startrate abnahm. Die Studie ging von minimal 6,7 Starts pro Jahr aus, was dem bisherigen Durchschnitt entsprach. Doch nach 1972 nahmen die Starts ab. Ein großes Problem der Scout waren ihre hohen Fixkosten. 1972 betrugen sie bei rund sieben Starts pro Jahr rund 1 Million Dollar pro Start. Sie mussten bei weniger Starts drastisch ansteigen. Dies lag daran, dass es zwei Startbasen (Wallops Island und Vandenberg) gab und die Fixkosten bei kleinen Trägern überporportional hoch sind. Für bestimmte Services, wie Bahnverfolgung oder Gebäude, entstehen feste Kosten, unabhängig von der Rakete. Auch dies war ein Grund, das Nachfolgemodell Pegasus von einem Flugzeug zu starten.

Ereignis	Zeitpunkt
Abheben:	0,13 s Start Zeitgeber für Pitchprogramme
Ausbrennen Algol:	84,56 s
Zündung Castor:	86,04 s
Ausbrennen Castor:	125,29 s
Trennung Castor/Antares:	176,56 s
Zündung Antares:	178,36 s
Ausbrennen Antares:	212,03 s
Aktivieren Freiflugphasenkontrolle:	217,03 s
Aufspinnen Altair:	720,02 s
Abtrennung Antares:	721,52 s
Retromanöver:	722,02 s
Zündung Altair:	726,37 s
Ausbrennen Altair:	759,92 s

Star 31 TE-M-762 (eingesetzt im Antares III)	
Durchmesser:	76,5 cm
Länge Motorgehäuse:	287 cm
Durchschnittlicher Schub:	82,3 kN, maximal 95,6 kN
Gesamtimpuls:	3.736.500 Ns
Brennkammerdruck:	49,1 bar, Berstdruck: 59,6 bar
Brennzeit / Aktionszeit:	45 / 46 s
Düsendurchmesser:	67,7 cm
Expansionsverhältnis:	58 zu 1
Startgewicht:	1.393 kg
Davon Treibstoff::	1.286 kg
Davon Motorgehäuse:	42 kg
Davon Düse:	30 kg
Trockengewicht:	107,5 kg
Brennschlussmasse:	95,2 kg
Spezifischer Impuls:	Treibstoff: 2.876 m/s / effektiv: 2.878 m/s

Referenzen:

Scout Users Manual
NASA-CR-112054: Advanced small launch vehicle study
NASA-CR-16583: Integral throat entrance development, qualification and production for the Antares 3 nozzle
ATK Product Catalog 2008

Abbildung 66: Start einer Scout D von Vandenberg aus

Abbildung 67: Start einer Scout von Wallops Island aus

Datenblatt Scout G				
Einsatzzeitraum: Starts: Zuverlässigkeit: Abmessungen: Startgewicht: Max. Nutzlast: Nutzlastverkleidung: Startkosten:	30.10.1979 – 3.5.1994 17, davon kein Fehlstart 100 Prozent erfolgreich 22,86 m Höhe 1,14 m Durchmesser 21.600 kg 210 kg in einen 556 km hohen LEO-Orbit 38° Inklination (Wallops Island) 225 kg in einen 556 km hohen LEO-Orbit 0° Inklination (San Marco) 167 kg in einen 556 km hohen PEO-Orbit (Vandenberg) 3,17 m Höhe, 1,07 m Durchmesser, 159,5 kg Gewicht 3,7 Millionen Dollar (1979) 8 – 9 Millionen Dollar (1984), 12 – 15 Millionen Dollar (1994)			
	Algol IIIA	**Castor IIIA**	**Antares IIIA**	**Altair IIIA**
Länge:	9,94 m	6,56 m	3,28 m	1,97 m
Durchmesser:	1,14 m	0,79 m	0,79 m	0,51 m
Startgewicht:	14.255 kg	4.433 kg	1.395 kg	301 kg
Trockengewicht:	1.501 kg	671 kg	108 kg	26 kg
Schub Mittel:	323,3 kN	229,3 kN	82,2 kN	23,8 kN
Schub Maximum:	481 kN	281 kN	92,5 kN	26,3 kN
Triebwerke:	1 × Algol 2B	1 × TX-354-2	1 × TE-M-762	1 × Star 31
Spezifischer Impuls (Meereshöhe):	2.138 m/s	2.275 m/s	–	2.501 m/s
Spezifischer Impuls (Vakuum):	2.532 m/s	2.766 m/s	2.907 m/s	2.776 m/s
Brenndauer:	78,2 s	38,9 s	45,5 s	30 s
Treibstoff:	PU / Aluminium / Ammoniumperchlorat	PBAN / Aluminium / Ammoniumperchlorat	PBAN / Aluminium / Ammoniumperchlorat	CTPB / Aluminium / Ammoniumperchlorat

Abbildung 68: Scout G in Vandenberg vor dem Start

Datenblatt Advanced Small Launch Vehicle					
Einsatzzeitraum: Starts: Zuverlässigkeit: Abmessungen: Startgewicht: Max. Nutzlast: Startkosten: Nutzlastverkleidung: Steuerung:	Geplant ab 1977 – 1979 keine 95 Prozent (Ziel) 25,30 m Höhe, 1,52 × 2,88 m Durchmesser 36.388 kg 476 kg in einen 200 km hohen LEO-Orbit mit 38° Inklination 340 kg in einen 555 km hohen LEO-Orbit mit 38° Inklination 2,7 Millionen Dollar 1,52 m Durchmesser × 9,30 m Länge, 413,6 kg Gewicht 53,9 bis 62,2 kg				
	Booster 2 × Castor II	**Algol III**	**Algol III verkürzt**	**Antares II**	**Antares II verkürzt**
Länge:	6,04 m	9,38 m	6,60 m	3,89 m	2,29 m
Durchmesser:	0,87 m	1,14 m	1,14 m	0,74 m	0,77 m
Startgewicht:	2 × 4.423 kg	14.422 kg	9.384 kg	1.279 kg	841 kg*
Trockengewicht:	2 × 695 kg	1.749 kg	1.224 kg	216 kg	71 kg*
Schub (Mittel):	2 × 232 kN	366,7 kN	251,3 kN	73,5 kN	62,3 kN
Schub Vakuum:	2 × 286 kN	481,7 kN		93,1 kN	
Triebwerke:	3 × TX354-3	1 × Algol III	1 × Algol III Short	1 × HP X-259	1 × X-259 Short
Spezifischer Impuls (Meereshöhe):	2.286 m/s	2.138 m/s		2.285 m/s	
Spezifischer Impuls (Vakuum):	2.609 m/s	2.600 m/s	2.772 m/s	2.801 m/s	2.915 m/s
Brenndauer:	72,3 s	90 s	90 s	36 s	36 s
Treibstoff:	CTPB/Aluminium / Ammoniumperchlorat	PU /Aluminium / Ammoniumperchlorat	PU / Aluminium / Ammoniumperchlorat	PBAN/Aluminium / Ammoniumperchlorat	PBAN/Aluminium / Ammoniumperchlorat

* 959 / 189 kg mit Steuerung / Resttreibstoffen und Nutzlastadapter.

Gesamtübersicht Scout

Die Liste führt auch Varianten auf, die erwogen, aber nie eingesetzt wurden. Die Scout unterscheidet sich von anderen US-Trägern, da sie während ihrer ganzen Betriebszeit nur evolutionär weiterentwickelt wurde. Anders als bei Atlas, Delta oder Titan wurden nie neue Oberstufen oder zusätzliche Booster eingesetzt. Die Nutzlast wurde von 59 auf 210 kg in den 555 km Referenzorbit gesteigert. Dabei nahm die Startmasse nur mäßig von 16.240 auf 21.600 kg zu. Dies geschah vor allem durch eine drastische Reduktion der Leermassen der Stufen. Außerdem wurden leistungsfähigere Treibstoffmischungen eingesetzt.

	Stufe 1	Stufe 2	Stufe 3	Stufe 4	Stufe 5	Flüge	Nutzlast 556 km Orbit	Einsatz von ... bis
Scout X	Algol 1A	Dummy	Antares 1A			1		1960
Scout X-1	Algol 1A	Castor 1A	Antares 1A	Altair 1A		7	59 kg	1860 - 1961
Scout X-1A	Algol 1A	Castor 1A	Antares 1A	Altair 1A	NOTS-17	1		
Scout X-2	Algol 1A	Castor 1A	Antares 2A	Altair 1A		2	76 kg	1962
Scout X-2B	Algol 1A	Castor 1A	Antares 2A	Altair 2A		1		1963
Scout X-2M	Algol 1A	Castor 1A	Antares 2A	MG-18		3		1963
Scout X-3	Algol 2A	Castor 1A	Antares 2A	Altair 1A		6	87 kg	1962 - 1964
Scout X-3A	Algol 2A	Castor 1A	Antares 2A	Altair 1A	NOTS-17	2		1962 - 1964
Scout X-3C	Algol 2A	Castor 1A	Antares 2A			1		
Scout X-3M	Algol 2A	Castor 1A	Antares 2A	MG-18		1		1963
Scout X-4	Algol 2A	Castor 1A	Antares 2A	Altair 2A		13	99 kg	1963 - 1965
Scout X-4A	Algol 2A	Castor 1A	Antares 2A	Altair 2A	NOTS-17	2		
Scout X-5C	Algol 2A	Castor 2A	Antares 2A			1		
Scout A	Algol 2B	Castor 2A	Antares 2A	Altair 2A		11	122 kg	1965 - 1970
Scout A-1	Algol 2C	Castor 2A	Antares 2A	Altair 2A		1		1973
Scout A-2	Algol 2C	Castor 2A	Antares 2B	Altair 2A		0		
Scout B	Algol 2B	Castor 2A	Antares 2A	Altair 3A		25	143 kg	1965 - 1971
Scout B-1	Algol 2C	Castor 2A	Antares 2A	Altair 3A		5		1971 - 1976
Scout B-2	Algol 2C	Castor 2A	Antares 2B	Altair 3A		0		
Scout C	Algol 2C	Castor 2A	Antares 2A	Altair 3A	Alcyone 1A	0		
Scout D-1	Algol 3A	Castor 2A	Antares 2A	Altair 3A		15	185 kg	1972 - 1983
Scout E-1	Algol 3A	Castor 2A	Antares 2B	Altair 3A	Alcyone 1A	1		1974
Scout F-1	Algol 3A	Castor 2A	Antares 2B	Altair 3A		2	193 kg	1975
Scout G-1	Algol 3A	Castor 2A	Antares 3A	Altair 3A		17	210 kg	1979 - 1994

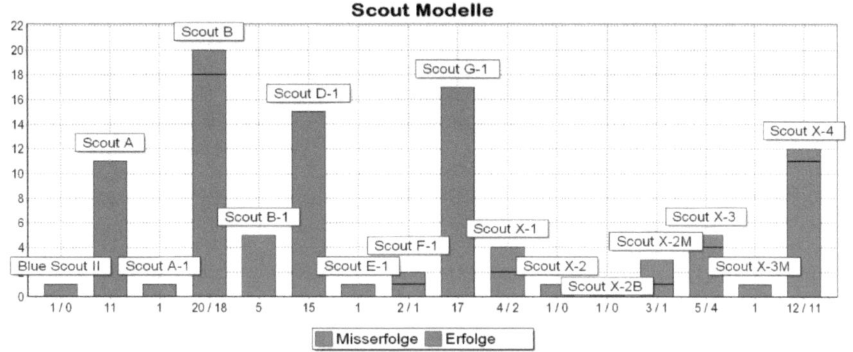

69. Abbildung: Übersicht über die Einsätze der verschiedenen Scout Versionen

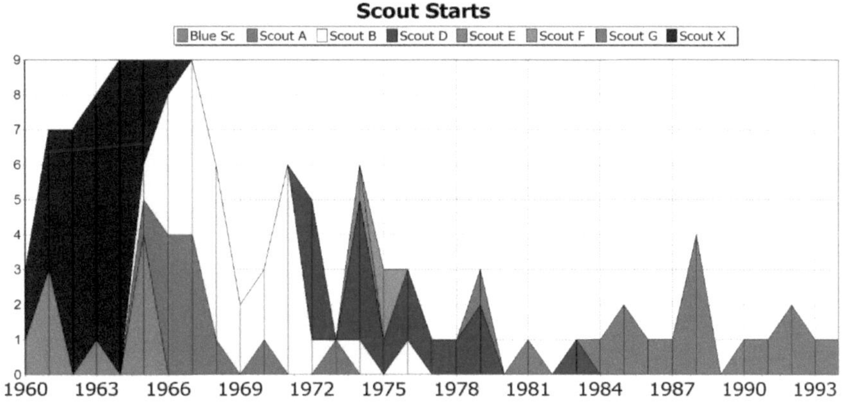

Abbildung 70: Einsätze der Scout

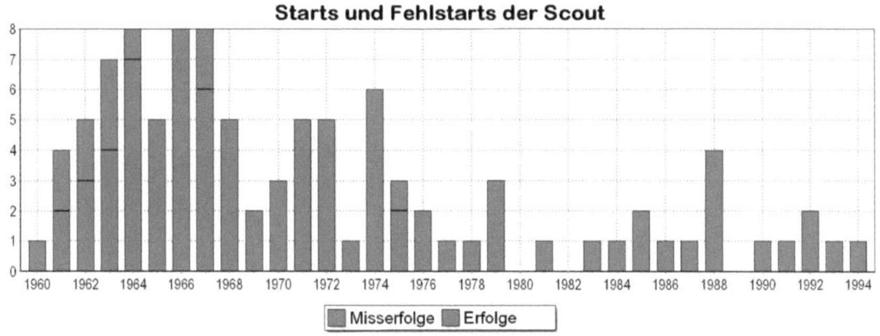

71. Abbildung: Aufteilung der Starts auf die einzelnen Modelle

Abkürzungsverzeichnis

ABMA: Army Ballistic Missile Agency: Am 1.4.1956 im Redstone Arsenal in Huntsville Alabama gegründete Agentur zur Entwicklung der Jupiter IRBM. Das ABMA entwickelte später die Jupiter-C, die Juno I+II und die Mercury Redstone. Sie ging am 1.7.1960 in der NASA auf und wurde zum Marshall Space Flight Center (MSFC).

ARPA: Advanced Research Projects Agency: Forschungsagentur für die Entwicklung von für das Militär wichtigen Technologien, gegründet am 7.2.1958 von Präsident Eisenhower als Reaktion auf den Sputnik-Schock.

CCAF: Cape Canaveral Air Force Station: Bezeichnung für den militärischen Teil des Weltraumbahnhofs am Cape. Seit Dezember 2020 umbenannt in Cape Canaveral Space Force Station (CCSFS).

CFK: Carbonfaser verstärkter Kunststoff: Ein Werkstoff der aus Graphitfasern in Epoxidharz besteht. CFK ist sehr belastbar, trotzdem leicht und in jede Form bringbar. Die Herstellung in einem Autoklaven ist aber aufwendig und teuer.

CTPB: Carboy-Terminiertes Polybutadien. Binder für Aluminium/Ammoniumperchlorat in Feststofftreibstoffen, heute durch HTPB ersetzt.

DMSP: Defense Meterological Satellite Program: Militärische Wettersatelliten. Von 1962 bis 2014 wurden 41 DMSP Satelliten in fünf Hauptbaureihen gestartet.

DoD: Department of Defense: US Verteidigungsministerium.

ESRO: European Space Research Organisation: Zivile Forschungsagentur zur Entwicklung von Satelliten in Europa, Vorläufer der ESA. Die ESRO war aktiv seit dem 14.6.1962 und ging am 30.5.1975 in der ESA auf.

GCR: Grand Central Rocket. Hersteller von Feststoffraketen in den USA, 1960 von Lockheed übernommen. Hersteller der dritten Stufe der Vanguard Rakete.

GEO/GSO: Geosynchroner Orbit. Umlaufbahn über dem Äquator in rund 36.000 km Höhe. Der Satellit benötigt in dieser Höhe genau einen Tag für einen Umlauf, und scheint so vom Erdboden aus gesehen stillzustehen.

GTO: Geosynchroner Transfer Orbit. Übergangsorbit zum GEO mit einem Perigäum im Bereich des LEO (typisch 180 bis 250 km Höhe).

ICBM: Intercontinental Ballistic Missle: militärische Rakete mit einer Reichweite von mindestens 5.500 km.

IGY: International Gephysical Year: UN-Forschungsprojekt, das vom 1.7.1957 bis zum 31.7.1958 lief und an dem 64 Nationen teilnahmen.

IRBM: Intermediate-range ballistic missile: militärische Rakete mit einer Reichweite von 3000 bis 5.500 km. Die Jupiter und Thor werden trotz ihrer kleineren Reichweite oft als IRBM geführt, aber auch auch als Mittelstreckenrakete (MRBM), die Reichweiten von 1.000 bis 3.000 km aufweisen.

JPL: Jet Propulsion Laboratory. Ursprünglich Forschungsstelle für Düsentriebwerke, seit Beginn der sechziger Jahre entwickelt das JPL die meisten Raumsonden der NASA.

LEO: Low Earth Orbit: Orbit in unter 1.000 km Höhe.

LOX: Liquid Oxygen: bei -183 Grad Celsius flüssiger Sauerstoff. Flüssiger Sauerstoff ist der beste handelbare Oxidator, er wird durch Verflüssigung von Luft gewonnen. Die meisten Raketen nutzen LOX als Oxidator.

MMH: Monomethylhydrazin, Hydrazinderivat (CH_3-NH-NH_2). Oft eingesetzt in Satellitentriebwerken, da bei der Verbrennung mit NTO gleich große Tanks für NTO und MMH resultieren.

MOUSE: Minimum Orbital Unmanned Satellite of Earth: Erstes Projekt für einen Satelliten in den USA, wurde nicht weiter verfolgt

NASA: National Aeronautics and Space Administration: am 29.7.1958 gegründete zivile Forschungsbehörde der USA für alle Aktivitäten im Weltraum.

NOTS: Naval Ordnance Test Station: Testgelände der Navy in der Wüste Nevadas. Die NOTS entwickelte das Project Pilot.

NOTSNIK: Bezeichnung für die Satelliten der NOTS.

NRL: Naval Research Laboratory: militärische Forschungsstelle der Navy und des US Marine Chors, gegründet am 2.7.1923. Das NRL entwickelte die Viking Höhenforschungsrakete und die Vanguard Rakete und ihre Satelliten.

NTO: Nitrogentetroxid, englische Abkürzung für Stickstofftetroxid N_2O_4. NTO ist eine Flüssigkeit, die bei 28 Grad in den Gaszustand übergeht und im Gleichgewicht mit NO_2 steht. NTO ist der wichtigste lagerfähige Oxidator.

PBAN: Polybutadien-Acrylnitril: Binder für Feststoffraketen, heute durch HTTP ersetzt. Ergibt beim Aushärten eine gummiartige Masse und bindet dabei die anderen Substanzen.

PEO: Polar Earth Orbit. Umlaufbahn um die Erde, die über beide Pole führt.

PGM: Precise Guided Missle: Bezeichnung für die Raketen Redstone (PGM-11), Thor (PGM-17) und Jupiter (PGM-19).

PVC: Polyvinlychlorid: Binder bei der Altair-Drittstufe der Vanguard.

SLC: Space Launch Complex: Bezeichnung für eine Startrampe in einem Weltraumbahnhof der USA mit den zugehörigen Einrichtungen und Anlagen.

SLV: Standard Launch Vehicle. Trägerrakete mit genormten Anschlüssen. SLV ersetzten die militärischen Träger, aus denen sie hervorgingen und erlaubten eine einfachere Anpassung an verschiedene Oberstufen und Missionen.

SRB: Solid Rocket Booster. Bezeichnung für große Feststoffraketen, so den SRB des Space Shuttles und der SLS.

SSO: Sun-Synchronous Orbit. Besonderer Orbit mit einer Bahnneigung über 90 Grad. Bei einem SSO kompensieren sich Bewegung des Satelliten um die Erde und Bewegung der Erde um die Sonne, sodass er immer einen Punkt auf der Erde zur selben Uhrzeit passiert und der Satellit immer von der Sonne beschienen wird.

STG: Space Task Group, Projektgruppe der NASA, verantwortlich für das Mercury-programm.

UDMH: Unsymmetrisches Dimethylhydrazin, 1,1 Dimethylhydrazin. Hydrazinabkömmling mit höherem Siedepunkt als Hydrazin. UDMH wurde häufig in militärisch genutzten Raketen verwendet.

UdSSR: Union der Sozialistischen Sowjetrepubliken oder Sowjetunion, von 1917 bis 1991 existenter kommunistischer Staatenbund.

USA: United States of Amerika. Land um deren Raketen es in diesem Buch geht.

USAF: United States Air Force: 1947 gegründete Teilstreitkraft der USA, seit 1958 für die Starts von Raketen zuständig.

VAFB: Vandenberg Air Force Base, seit April 2021 VSFB Vandenberg Space Force Base. Luftwaffenstützpunkt der USAF an der Westküste. Von der VAFB finden alle Starts in Orbits mit hohen Bahnneigungen (über 56 Grad) aus statt.